The Basis of Making Maya Model

数字软件实践系列

Maya 模型制作基础

郑超　主编

王斌　汪济萍　陶立阳　副主编

谢小丹　编著

图书在版编目（ＣＩＰ）数据

maya模型制作基础 ／ 谢小丹编著． －－ 沈阳：辽宁
美术出版社，2014.5
　　（数字软件实践系列）
　　ISBN 978-7-5314-6054-1

　　Ⅰ．①m… Ⅱ．①谢… Ⅲ．①三维动画软件 Ⅳ．
①TP391.41

中国版本图书馆CIP数据核字（2014）第084161号

出 版 者：辽宁美术出版社
地　　址：沈阳市和平区民族北街29号　邮编：110001
发 行 者：辽宁美术出版社
印 刷 者：辽宁彩色图文印刷有限公司
开　　本：889mm×1194mm　1/16
印　　张：10
字　　数：275千字
出版时间：2014年5月第1版
印刷时间：2014年5月第1次印刷
责任编辑：苍晓东　李 彤
封面设计：范文南　洪小冬　苍晓东
版式设计：彭伟哲　薛冰焰　吴 烨　高 桐
技术编辑：鲁　浪
责任校对：李　昂
ISBN 978-7-5314-6054-1
定　　价：75.00元

邮购部电话：024-83833008
E-mail：lnmscbs@163.com
http://www.lnmscbs.com
图书如有印装质量问题请与出版部联系调换
出版部电话：024-23835227

21世纪全国高职高专美术·艺术设计专业
"十二五"精品课程规划教材

序 >>

当我们把美术院校所进行的美术教育当做当代文化景观的一部分时，就不难发现，美术教育如果也能呈现或继续保持良性发展的话，则非要"约束"和"开放"并行不可。所谓约束，指的是从经典出发再造经典，而不是一味地兼收并蓄；开放，则意味着学习研究所必须具备的眼界和姿态。这看似矛盾的两面，其实一起推动着我们的美术教育向着良性和深入演化发展。这里，我们所说的美术教育其实有两个方面的含义：其一，技能的承袭和创造，这可以说是我国现有的教育体制和教学内容的主要部分；其二，则是建立在美学意义上对所谓艺术人生的把握和度量，在学习艺术的规律性技能的同时获得思维的解放，在思维解放的同时求得空前的创造力。由于众所周知的原因，我们的教育往往以前者为主，这并没有错，只是我们更需要做的一方面是将技能性课程进行系统化、当代化的转换；另一方面需要将艺术思维、设计理念等这些由"虚"而"实"体现艺术教育的精髓的东西，融入我们的日常教学和艺术体验之中。

在本套丛书实施以前，出于对美术教育和学生负责的考虑，我们做了一些调查，从中发现，那些内容简单、资料匮乏的图书与少量新颖但专业却难成系统的图书共同占据了学生的阅读视野。而且有意思的是，同一个教师在同一个专业所上的同一门课中，所选用的教材也是五花八门、良莠不齐，由于教师的教学意图难以通过书面教材得以彻底贯彻，因而直接影响到教学质量。

学生的审美和艺术观还没有成熟，再加上缺少统一的专业教材引导，上述情况就很难避免。正是在这个背景下，我们在坚持遵循中国传统基础教育与内涵和训练好扎实绘画（当然也包括设计摄影）基本功的同时，向国外先进国家学习借鉴科学的并且灵活的教学方法、教学理念以及对专业学科深入而精微的研究态度，辽宁美术出版社会同全国各院校组织专家学者和富有教学经验的精英教师联合编撰出版了《21世纪全国高职高专美术·艺术设计专业"十二五"精品课程规划教材》。教材是无度当中的"度"，也是各位专家长年艺术实践和教学经验所凝聚而成的"闪光点"，从这个"点"出发，相信受益者可以到达他们想要抵达的地方。规范性、专业性、前瞻性的教材能起到指路的作用，能使使用者不浪费精力，直取所需要的艺术核心。从这个意义上说，这套教材在国内还是具有填补空白的意义。

21世纪全国高职高专美术·艺术设计专业"十二五"精品课程规划教材编委会

目录 contents

_ 第三章　角色设置 **122**

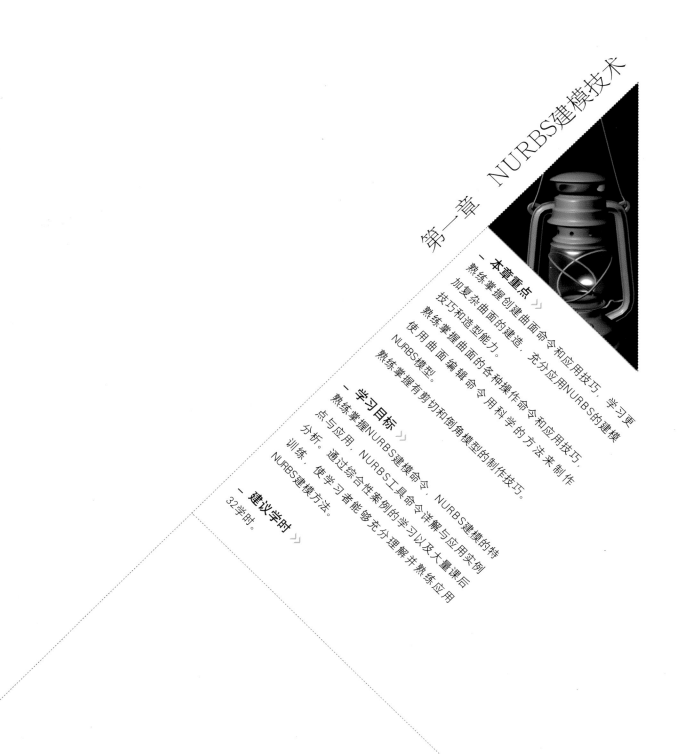

第一章 NURBS建模技术

本章重点 》

熟练掌握创建曲面命令和应用技巧，学习更加复杂曲面的建造，充分应用NURBS的建模技巧和造型能力。

熟练掌握曲面的各种操作命令和应用技巧，使用曲面编辑命令用科学的方法来制作NURBS模型。

熟练掌握有剪切和倒角模型的制作技巧。

学习目标 》

熟练掌握NURBS建模命令，NURBS建模的特点与应用，NURBS工具命令详解与应用实例分析。通过综合性案例的学习以及大量课后训练，使学习者能够充分理解并熟练应用NURBS建模方法。

建议学时 》

32学时。

第一章　NURBS建模技术

第一节 ///// NURBS建模基础知识

NURBS原理

建模是创建物体的过程。在Maya中分为三种曲面类型：NURBS建模、Polygons [多边形] 建模和Subdivs [细分] 建模。每种建模方式都有不同的技巧，也有每种不同的特点。

NURBS是一种非常优秀的建模方式，在高级三维软件当中都支持这种建模方式。NURBS能够比传统的网格建模方式更好地控制物体表面的曲线度，从而能够创建出更逼真、生动的造型。NURBS曲线和NURBS曲面在传统的制图领域是不存在的，是为使用计算机进行3D建模而专门建立的。在3D建模的内部空间用曲线和曲面来表现轮廓和外形。它们是用数学表达式构建的，NURBS数学表达式是一种复合体。在这里，只是简要地介绍一下NURBS的概念，来帮助了解怎样建立NURBS和NURBS物体为什么会有这样的表现。

NURBS 建模特点：

（1）有组织的流线曲面，例如，动物、人体和水果等。

（2）工业曲面，例如，汽车、时钟等。

NURBS建模和Polygons [多边形] 建模的不同点：

NURBS建模侧重于工业产品建模，而且不用像Polygons那样展UV，因为NURBS是自动适配UV。Polygons侧重于角色、生物建模，因为其修改起来比NURBS方便。NURBS建模、Polygons [多边形] 建模和Subdivs [细分] 建模的不同显示，从左至右分别为NURBS模型、Polygons模型、Subdivs模型，显示如图1-1-1所示。

曲线与曲面

NURBS是Non-Uniform Rational B-Spline 首写字母的缩写词，是曲线或样条的一种数学描述。是非统一、有理、B样条的意思。具体解释是：

Non-Uniform [非统一]：是指一个控制顶点的影响力的范围能够改变。当创建一个不规则曲面的时候这一点非常有用。同样，统一的曲线和曲面在透视投影下也不是无变化的，对于交互的3D建模来说这是一个严重的缺陷。

Rational [有理]：是指每个NURBS物体都可以用数学表达式来定义。

B-Spline [B样条]：是指用路线来构建一条曲线，在一个或更多的点之间以内插值替换的。

简单地说，NURBS就是专门做曲面物体的一种造型方法。NURBS造型总是由曲线和曲面来定义的，所以要在NURBS表面生成一条有棱角的边是很困难的。就是因为这一特点，我们可以用它做出各种复杂的曲面造型和表现特殊的效果，如人的皮肤、面貌或流线型的跑车等。

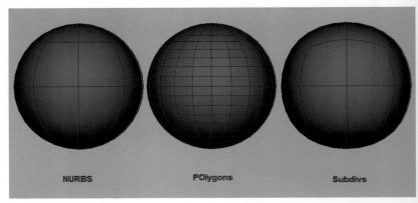

图1-1-1

第二节 //// 创建几何体和 NURBS曲线

NURBS曲面基础

曲面的组成元素

曲面由Control Vertex [控制点] 、Surface Patch [曲面面片] 、Surface Point [曲面点] 、Surface UV [曲面方向] 、Hull [壳线] 、Isoparm [等位结构线] 等元素组成。如图1-2-1所示。

Control Vertex [控制点] ：可以使用单击或框选方法选择一个或一组Control Vertex [控制点] ，进行移动、旋转或缩放操作，轴心点可以通过键盘上的Insert按键来改变设置。

Surface Point [曲面点] ：位于曲面上的点，是Isoparm [等位结构线] 的交叉点，不能进行变换操作。

Surface Patch [曲面面片] ：位于曲面上的矩形面片，由Isoparm [等位结构线] 分割而成，通过中心点的标志点来选择，显示为黄色，不能进行变换操作。

Isoparm [等位结构线] ：U向或V向的网格线，决定了曲面的精度和段数。

Hull [壳线] ：与曲线方式有所区别，曲面的UV有两个方向可供选择。单击壳线，选择U向或V向的一列CV [控制点] ，壳线可以选择一列或多列。

在调整NURBS外形的时候，一般使用Control Vertex [控制点] 和Hull [壳线] 来一起调整NURBS物体的外形，同时还可以使用小键盘上的左、右箭头来选择上下点、线的切换。使用小键盘上的上、下箭头来左右切换点的选择。如图1-2-2、1-2-3所示。

基本几何体

Maya为建模提供了一系列NURBS物体类型。选择Create/NURBS primitives [基本几何体]，如图1-2-4和1-2-5所示。

Interactive Creation [交互式创建] 默认是勾上的，需要在场景里拖拉才能创建物体，是Maya2008新增加的，和3ds max创建物体类似，如果习惯使用以前版本的Maya用户建议关掉，这样就可以直接在原点创建物体了。

Sphere [球体]

选择Create/NURBS primitives/Sphere [球体] ，会

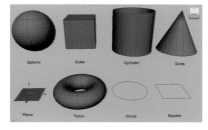

图1-2-4

图1-2-5

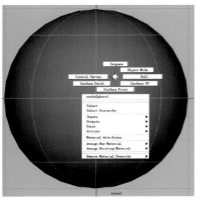

图1-2-1

图1-2-2

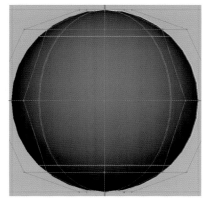

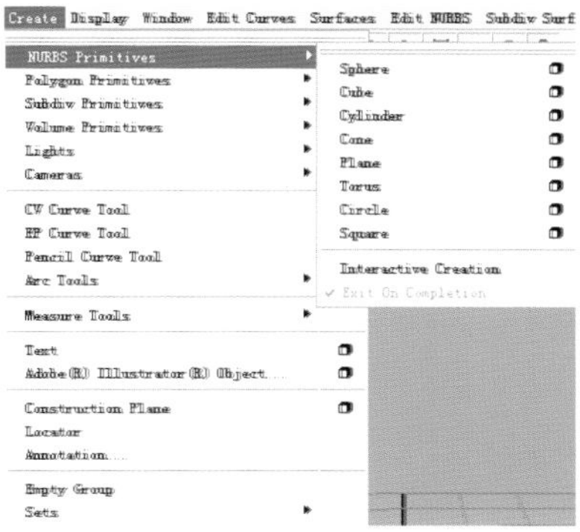

图1-2-3

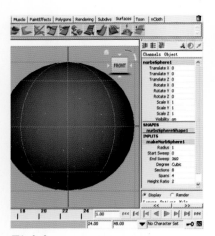

图1-2-6

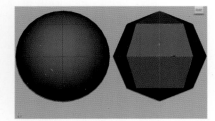

图1-2-7

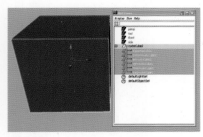

图1-2-8

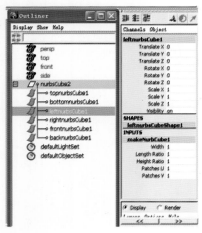

图1-2-9

图1-2-10

在属性栏得到一个对话框，如图1-2-6所示。

Translate X、Y、Z：物体的X、Y、Z三个轴向的位移坐标，默认为0，即在原点。

Rotate X、Y、Z：物体X、Y、Z三个轴向的旋转坐标。

Scale X、Y、Z：物体X、Y、Z三个轴向的缩放坐标，用来调整球体大小。

Visibility [显示]：显示物体默认为on，可以更改数字0和1改变隐藏和显示。0为隐藏，1为显示。

Radius：为NURBS球体显示半径，默认设置为1。

Start Sweep Angles：起始角度，默认为0。

End Sweep Angles：结束角度，默认为360°，如果设置为180°，则为半圆。

Degree：曲面次数，Linear [线性] 曲面具有棱面外光，一个Cubic [三次曲线] 曲面是圆形的。如图1-2-7所示。

Section：纵向曲面片段数，默认为8。

Spans：横向曲面片段数，默认为4。

Cube [立方体]：在NURBS中Cube有六个独立的面。你可以使用windows/outliner [大纲] 中选择，如图1-2-8所示。

Cube的基本属性：如图1-2-9所示，Width、Length Ratio Height Ratio分别为宽、长、高。设置为立方体的大小。

Patches U/V：设置为立方体水平和垂直方向上的片段数。

Cylinder [圆柱体]：可以创建一个有盖或无盖的圆柱体，其属性和Sphere [球体] 类似。

Cone [圆锥体]：可以创建一个有盖或无盖的圆锥体，其属性和Sphere [球体] 类似。

Plane [平面]：其属性和Cube [立方体] 相似。

Circle [圆]：圆是一条曲线，而不是一个面，其属性和Sphere [球体] 类似。

Square [正方形]：正方形是四条曲线的组合体，而不是一个曲面。

NURBS曲线基础

建造一个曲面，通常要从构造曲线着手，随后再对其进行合并或操纵。因此理解曲线是最基础的。

NURBS曲线的基本元素：分别为CV [控制点]、Edit Point [编辑点] 和 Hull [壳线]。如图1-2-10所示。

注：EP Curve Tool选项设置与CV Curve Tool选项一样。

曲线起始点：曲线的第一个CV控制点，以小方框表示，通常用来定义曲线的方向，确定将来形成曲面的法线方向。

曲线方向：创建曲线的第二个

点，以一个U字母显示，用来决定曲线的方向，以及将来形成曲面的方向。

CV [控制点]：用来调节控制曲线形态的点，可以影响附近的多个编辑点，使曲线保持良好的连续性。

Edit Point [编辑点]：简称EP，是曲线上的结构点，以十字叉表示，可以改变曲线的基本形态。曲线经过EP编辑点，使用EP曲线工具创建曲线时，可以最直观地控制曲线段数。

Hull [壳线]：壳线是ＣＶ之间的连线，应用壳线可以清楚看到ＣＶ的位置，在曲线编辑中选择壳，可以快速选择Ｕ向的一组控制点。

Span [段]：两个编辑点间的曲线称为段，段的改变可以改变ＥＰ的数量，从而改变曲线的质量。

1.CV Curve Tool [控制点曲线工具]

在不必精确定位的情况下，最好能选用CV Curve Tool，这样可以更容易地控制曲线的形状以及平滑度。

2.EP Curve Tool [编辑点曲线工具]

如果要通过几个点创建一条曲线，最好选用EP Curve Tool，使用这一工具可以精确地创建编辑点。该工具会在创建编辑点的位置创建CV。

以上两种工具虽不同，生成曲线上的曲线元素却是相同的，创建方法也一样。

CV Curve Tool的操作方法

（1）选择Create/CV Curve Tool命令；

（2）选择要绘制曲线的视图，在视图中使用鼠标左键单击放置第一个点，这是曲线的起始点；

（3）在视图中的适当位置单击放置第二个点；

（4）单击放置第三个点和第四个点，这时产生一条白色曲线；

（5）继续放置新的控制点，直到放置末端CV点为止；

（6）绘制完成后按下Enter [回车] 键，结束创建，曲线变为绿色；

在曲面上绘制曲线

（1）选择曲面单击 🖉 [激活] 按钮，此时表面将以绿色网格状态显示。

（2）使用ＣＶ曲线工具在NURBS表面上绘画。

（3）按Enter [回车] 键完成绘制，将曲线创建在ＮＵＲＢＳ表面上，该曲线不能单独存在。

（4）再次单击 🖉 [激活] 按钮解除曲面的激活状态，如图1-2-11所示。

设置CV Curve Tool选项

选择Create/CV Curve Tool，打开选项窗口。如图1-2-12所示。

Curve Degree [曲线次数]

曲线次数的数值越高，曲线越平滑。对于大多数曲线来说，默认设置的效果就已经不错了。所创建的ＣＶ数至少比曲线数多一。

例如，一条5次曲线至少需要6个CV，如图1-2-13所示。

Knot Spacing [节间距]

节间距的类型设置了ＭＡＹＡ如何在Ｕ方向上定位的方式。用Chord Length [弦长] 节点可以更好地分配曲率。如果使用这样的曲线创建曲面，曲面则可以更好地显示纹理。Uniform [统一] 节间距可创建更易于用户使用与识别的形状。

Multiple End Knots [多个终节]

当打开此选项时，曲线的末端编辑点也是节。这样，一般来说，

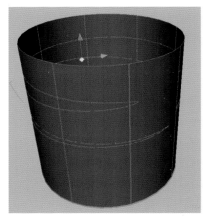

图1-2-11

图1-2-12

图1-2-13

更容易控制曲线的末端区域。

EP Curve Tool [编辑点曲线工具]

另外一种绘制曲线的方式，所有编辑点贯穿曲线，其操作方法与CV曲线工具相同，产生曲线的点是在曲线上。如图1-2-14所示。

3.Pencil Curve Tool [铅笔绘制工具]

选择Create/Pencil Curve Tool直接在视图中用鼠标绘制曲线，可以通过拖拽鼠标和数字笔来绘制曲线。如图1-2-15所示。

使用这种方式绘制曲线有过多的EP点和CV点，可以使用Edut Curves [编辑曲线] /Smooth Curves [平滑曲线] 或Rebuild Curves [重建曲线] 命令，使曲线平滑或精减曲线点。使用Pencil Curve Tool创建曲线时，不能按Backspace键删除线段，必须在创建完曲线后，才能选择删除CV和编辑点。

4.Arc Tools [圆弧工具]

圆弧工具可以建立一个垂直正交视图的弓形曲线，并显示圆弧的半径，可以使用操纵器配合鼠标拖拽已放置的点，并对点进行编辑。使用Arc Tools [圆弧工具] 不能创建完整的圆，弧中的点不能重合。

5.three point Arc tool [三点弧工具]

使用Create/Arc Tools/Three Point Arc tool [创建/弧形工具/三点成弧工具] 来创建一段弧线，在视图中先点击一个点，单击设置第二个点，单击设置第三个点，圆弧出现 [如图1-2-16所示] ，可以任意单击并移动3个控制点来调节圆弧，按Enter [回车] 键确定圆弧。如果编辑已完成的圆弧，可以选择圆弧，在通道栏中的Inputs输入栏下的创建圆弧曲线的历史记录，对三个控制点进行自由编辑。

6.Two Point Arc Tool [两点弧形工具]

使用Create/Arc Tools/two Point Arc Tool [创建/弧形工具/两点成弧工具] 命令创建一段圆弧，通过放置始点和终点来实现 [如图1-2-17所示] 。选择两点圆弧工具，在视图中单击放置第一个点，单击放置第二个点，圆弧出现，这时可以对各控制点重新定义位置，中央的实心点为圆心，调整空心圆环手柄可以切换弧的方向，决定取弧的哪一段。

7.Text [创建文本]

使用Create/Text [创建/文本] 可以创建文本对象并控制它们的特性，字体的应用取决于计算机中安装的字体，可以创建NURBS曲线、NURBS曲面、多边形曲面和倒角。

图1-2-14

图1-2-15

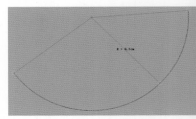

图1-2-16

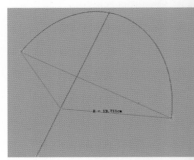

图1-2-17

第三节 ///// Edit Curves [编辑NURBS曲线]

一、在NURBS建模中，建模可以从基本形状开始，通过调整曲线形状，生成曲面，最后为曲面添加细节。

1.Duplicate Surface Curves [复制曲面曲线]

使用Edit Curves/Duplicate Surface Curves [编辑曲线/复制曲线曲面] 命令可以复制曲面上的Isoparm [等位结构线]、边界剪切线或曲面曲线进行复制，产生新的曲线。新产生的曲线在不删除历史记录的情况下，将受原始曲面的影响，常用于制作在曲面上新放样的曲面。一些动画师在制作角色动画时，在角色的眉毛处复制Isoparm [等位结构线]，通过Wire Deform [线变形器] 命令，调整眼部表情。

Duplicate Surface Curves [复制曲面曲线] 的操作方法

（1）创建一个NURBS物体，按F8键，进入组元编辑模式，或在物体上单击鼠标右键弹出快速菜单，选择Isoparm [等位结构线] 命令，进入Isoparm [等位结构线] 编辑方式，选择或拖动要复制的Isoparm [等位结构线]，如图1-3-1所示。单击标准线会显示为黄色实线，过渡线则显示为黄色虚线，配合Shift键可同时选择多条

Isoparm [等位结构线]。

（2）选择Edit Curves/Duplicate Surface Curves 命令，操作完成。

在默认状态下，复制的曲线是场景中的新对象，可以与曲面分离，产生独立的新物体，并不是依附在表面的曲面曲线。

设置Duplicate Surface Curves [复制曲面曲线] 选项

选择Edit Curves/Duplicate surface Curves [编辑曲线/复制

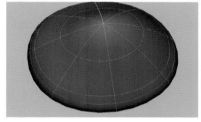

图1-3-1

图1-3-2

曲面曲线]，打开选项窗口，如图1-3-2所示。

Group with Original [和原曲面建组]：创建复制的曲线，并把其作为被复制曲线的子对象，这会影响用于曲线 [曲面] 上的变形操作。默认是关闭的，取消该项复制的曲线是独立的曲线。

这两种选择所产生的结果，看上去是相同的，但如果调整曲线进行的CV控制点或修改属性就不同了。例如：该选项开启，复制出来的曲线在曲面选择同时也被选择，并同样显示为绿色，运动方向和曲面方向一致。该选项关闭，复制出来的曲线在曲面选择的同时也会被选择，但显示为紫色，运动方向和曲面方向不一致。如图1-3-3所示。

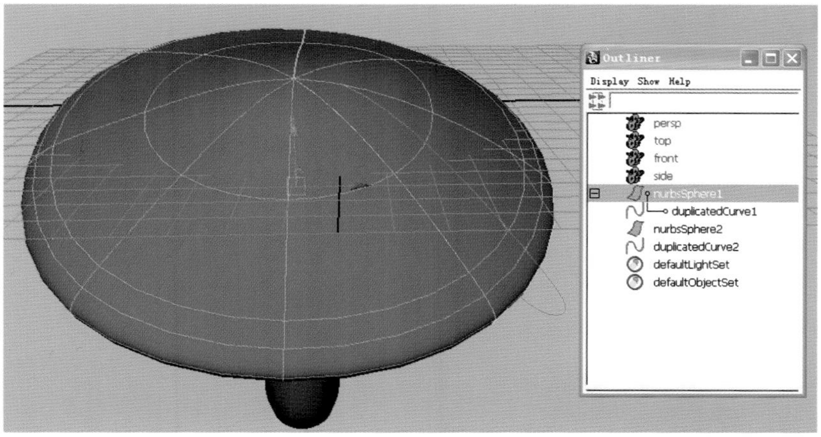

图1-3-3

Visible Surface Isoparms [可视的曲面等位结构线]：在选择整个物体时，用于控制被复制曲线的方向。所有U向或V向还是全部UV向的Isoparm [等位结构线]，只有当整个曲面处于选择状态时，此项才起作用。

U：用来定义所有U向的等位结构线。

V：用来定义所有V向的等位结构线。

Both：定义沿U、V方向上的所有等位结构线。

2.Attach Curves [连接曲线]

使用Edit Curves/Attach Curves [编辑曲线/连接曲线] 可以连接两条独立曲线，创建一条新曲线。

Attach Curves [连接曲线] 的操作方法

（1）选择两条曲线。

（2）选择Edit Curves/Attach Curves 命令。如图1-3-4所示，紫色的曲线是两条独立的曲线连接生成的曲线。

在指定点连接

（1）在要连接曲线的地方，选择一条曲线，在需要连接点的位置点击鼠标右键弹出快速菜单，选择Curve point [曲线点] 命令，进入Curve point [曲线点] 编辑模式，点击鼠标左键激活一个黄色的点。使用同样的方法，在另外一条线上需要连接的位置用鼠标左键激活一个点。如图1-3-5所示。

（2）选择Edit Curves/Attach Curves 命令，操作完成。

设置Attach Curves选项

选择Edit Curves/Attach Curves,打开选项窗口。如图1-3-6所示。

Attach Method [连接方式]

Connect [连接]：在连接点处使用最小的曲率平滑度连接曲线，不考虑新曲线在连接的过渡，在合并位置可能产生硬角。

Blend [混合]：使两条曲线在合并处产生连续性，重新计算新的曲率。合并的两条曲线会有一点变形，变形效果可以通过Blend Bias [混合偏移] 值来调节。

Multiple Knots [多个节]：在使用Connect [连接] 方式时有效，控制是否保留合并处的重复结构点。

Keep [保留]：在连接点处创建多个节，使合并后的曲线形态不变 [只保证先选择的曲线形态不变]，用户可以在连接点处使用不连续的曲率。默认选项。

Remove [删除]：在连接点处删除多个节，这样可以在连续点处创建平滑的曲率，会改变曲线的形态。

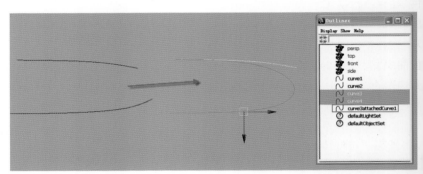

图1-3-4

图1-3-6

图1-3-5

Blend Bias [混合偏移]：在使用Blend [混合] 方式时有效，调整连续曲线的连续性，精细调节结合点的曲率。

Insert Knot [插入结构点]：此项只有在选中Blend后才有效。它与Insert Parameter [插入参数]的值一起作用时，才可以使混合区域与原曲线匹配得更加紧密。

Insert parameter：当开启Insert Knot [插入节]选项时，可调整新添加的节的位置。值越大，合并后的形状越光滑；值越小，原始形状越接近保持不变。参数值越接近0 [不为0]，连接的曲线形状就越接近曲线连接点处的曲率。因为添加的节是就近插入离混合点最近的终端节点附近的。其有效范围为0~1。

Keep Originals [保持原始几何体]：勾选此项时，在创建连接曲线后，可以保存原始曲线。如果对已连接曲线进行修改或缩放，会使曲线发生奇异的变形。默认设置是勾选的。

3.Detach Curves [分离曲线]

Edit Curves/Detach Curves [编辑曲线/分离曲线] 命令可以把一条曲线分成两条曲线或者断开一条封闭的曲线。

Detach Curves [分离曲线] 的操作方法

（1）操作和连接曲线有点类似，但是效果相反，在一条曲线上，点击鼠标右键弹出快速菜单，选择Curve Point [曲线点] 命令，进入Curve Point [曲线点] 编辑模式，在需要断开的位置点击鼠标左键，如果想要断开多个点，在按下Shift键进行同样的操作。

（2）选择Edit Curves/Detach Curves命令，操作完成。曲线分离后的部分将以高亮显示。如图1-3-7所示。

设置Detach Curves选项

选择Edit Curves/Detach Curves，打开选项窗口。

Keep Original [保持原始几何体]：分离曲线后，原始曲线仍然保留，默认是不勾选的状态。

4.Align Curves [对齐曲线]

把两条分开的曲线对齐到一起，保持曲线的连续性。曲线之间的对齐方式不只局限于两条曲线之间的端点对齐，而是在曲线的任何点位置产生对齐。曲线在对齐后的连续性也有多种方法，如Position [位置]、Tangent [切线]、Curvature [曲率]。

对齐两条曲线

（1）选择在需要对齐的曲线上点击鼠标右键进入快速菜单，选择Curve Point [曲线点] 命令，进入Curve Point [曲线点] 编辑模式，在需要对齐的位置点击鼠标左键，定义对齐位置。使用同样的方法在另一条需要对齐的曲线上定义对齐位置。如图1-3-8所示。

（2）Edit Curves/Align Curves 命令，操作完成，如图1-3-9所示。一条独立的曲线只能与另一条独立的曲线对齐，开放的曲线不能和闭合的曲线对齐。曲面上的曲线也只能与另一个曲面上的曲线对齐，条件是两条曲线都在同一个曲面上。

设置Algin Curves [对齐曲线选项]

Edit Curves/Align Curves，

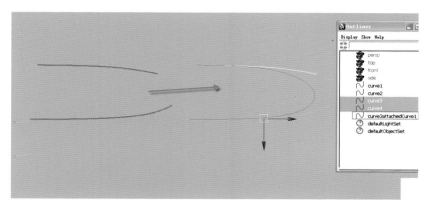

图1-3-7

图1-3-8

图1-3-9

打开选项窗口。如图1-3-10所示。

Attach [连接]：默认选项为关闭，如果打开选项，会把对齐的两条曲线连接成为一条曲线。当勾选时，Multiple Knots [多个节] 为可用状态。

Multiple Knots [多个节]：控制连接曲线后多余节点。有两个选项。

Keep [保留]：在连接点处创建多个节，用户可以在该处断开曲率的连续性。

Remove [删除]：可在不改变区域形状的前提下，删除尽可能多的节。

Continuity [连续性]：提供三种方式进行对齐。

Position [位置]：简单对齐可以保证两条曲线的端点的严密结合。

Tangent [切线]：对齐曲线后调整外形，使两条曲线对齐端的切线方向一致。

Curvature [曲率]：对齐曲线后调整外形，使两条曲线对齐端的曲率一致。

Modify Position [修改位置]：对齐曲线后，设置曲线位置，配合对齐。

First [第一条]：将选择的第一条曲线全部移动到第二条曲线上产生对齐。

Second [第二条]：将选择的第二条曲线全部移动到第一条曲线上产生对齐。

Both [两者]：将选择的两条曲线各移动一半的距离，进行居中位置对齐。

Modify Boundary [修改轮廓线]：此项不会使曲线整体位移配合对齐，而是设置曲线形状来配合对齐。

First：将选择的第一条曲线选中的点移动到第二条曲线上，选择的第一条曲线外形进行外形配合对齐到选择的第二条曲线上。

Second：将选择第二条曲线选中的点移动到第一条曲线上，选择的第二条曲线外形配合对齐到选择第一条曲线上。

Both：将两条曲线选中的点各移动一半的距离，外形同时修改进行居中对齐。

Modify Tangent [修改切线]

First：放大或缩小选择的第一条曲线的切线来进行对齐。

Second：放大或缩小选择的第二条曲线的切线来进行对齐。

Tangent Scale First and Second：

First：放大或缩小第一条曲线的切线值。

Second：放大或缩小第二条曲线的切线值。

Curvature Scale First and Second：

First：放大或缩小第一条曲线的曲率。

Second：放大或缩小第二条曲线的曲率。

Keep Original 保留原曲线的同时，对齐曲线的复本。

Open/Close Curves [打开/关闭曲线]

把一条闭合的曲线开放或将开放的曲线闭合。

5.Open/Close Curves [打开/关闭曲线] 的操作方法

（1）在场景中创建一条开放的曲线。如图1-3-11所示。

（2）选择Open/Close Curves [打开/关闭曲线] 命令，完成操作，将曲线进行闭合。如图1-3-12所示。

（3）选择Open/Close Curves [打开/关闭曲线] 命令，

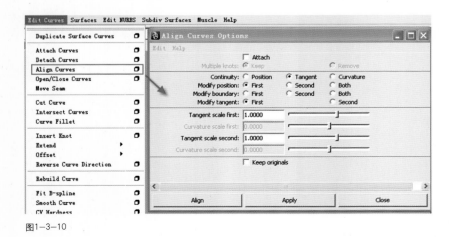

图1-3-10

完成操作，将闭合改为开放。如图1-3-13所示。

设置Open/Close Curve [打开/关闭曲线] 选项

图1-3-11

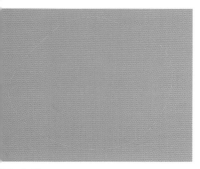

图1-3-12

图1-3-13

选择Edit Curves/Open/Close Curves命令，打开选项窗口。如图1-3-14所示。

Shape [形状]：用于设置打开或封闭后曲线的形状，有3种方式。

Ignore [忽略]：不保存原曲线的原始形状。

Preserve [保留]：在保持原曲线形状的前提下添加一些CV[可控点]。在系统默认状态下，该项处于打开状态。

Blend [混合]：用于设定生成曲线的连续性。勾选此项可以用于Blend Bias [混合偏移] 控制平滑的量。

Blend Bias [混合偏移]：改变最终曲线的连续性。参数值过大会破坏原曲线的相切线。

Insert Knot [插入结构点]：闭合曲线时，在曲线闭合处插入结构点，以保证曲线的原始形状。只有选择Blend for the shape后，才能使用该选项。

Insert Parameter：设置结构点对曲线形状的影响大小。

Move Seam [移动接合处]

Edit Curves/Move Seam 移动周期曲线的接合处。对齐两条曲线的接合处，可以在放样时不会出现扭曲。

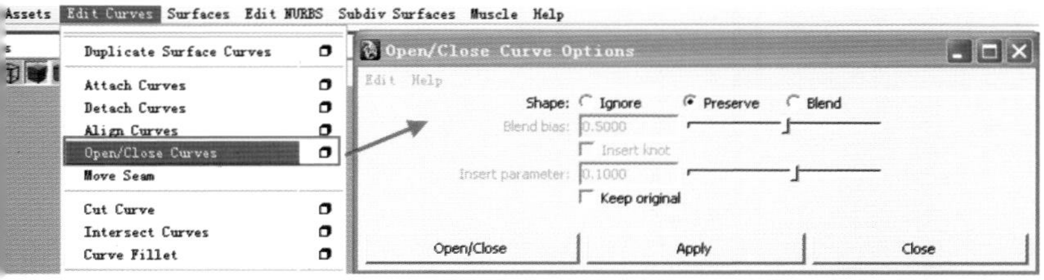

6.Move Seam [移动接合处] 的操作方法

在曲线上移动接合处，在需要设置接合处的位置点击鼠标右键进入快速菜单，选择Curve point [曲线点] 命令，进入Curve point [曲线点] 编辑模式，点击鼠标左键激活，选择Edit Curves/Move Seam，接合处将移动到该处，操作完成。

7.Cut Curve [剪切曲线]

选择一条独立曲线使用Edit Curves/Cut Curve [编辑曲线/剪切曲线] 与另一条独立曲线相互接触、交叉的点上剪切自由曲线，可以将两条或多条交叉曲线在交叉处将其分离断开，形成多条曲线。

使用Cut Curve [剪切曲线] 的操作方法

（1）框选需要剪切的曲线。如图1-3-15所示。

图1-3-15

图1-3-14

（2）选择Edit Curves/Cut Curve [编辑曲线/剪切曲线] 命令，将选择的曲线在交叉位置进行剪切，操作完成。如图1-3-16所示。

设置Cut Curve选项

选择Edit Curves/Cut Curve，打开选项窗口，如图1-3-17所示。

Find Intersections [查找交点]：有3种方式定义曲线交叉点：

In 2D and 3D：在当前视图中的曲线相交处创建交叉点。

In 3D Only：只在两条曲线实际接触的位置创建交叉点。

Use Direction [使用方向]：通过指定的方向投射形成交叉点，设置用于创建交叉点的轴和视图，有5种投射方式。

X、Y、Z：设置从选择的轴向创建交叉点。

Active view [活动视图]：运用当前被激活的摄像机视窗创建交叉点。

Free [自由]：勾选此项，可以在Direction框中，指定交点轴，自由定义投射角度，产生交叉点。

Cut [剪切]：用于控制曲线的剪切方式，有两种方式。

At All Intersections [所有交叉点]：在选中曲线的所有交点处剪切选中的曲线。

Using Last Curve [用于最后的曲线]：只剪切最后选择的一条曲线。

Keep [保留]：用于设置剪切后曲线被最终保留的部分，有3种类型。

Longest Segments [最长线段]：保留剪切曲线的最长曲线段，删除其他的曲线线段。

All Curve Segments [所有曲线线段]：剪切之后保留所有的曲线线段，这是默认设置。

Segments with Curve Points [带有曲线点的线段]：保留选择曲线点的所有曲线段。如果没有曲线点被选择，则不删除任何曲线段。

8.Intersect Curves [相交曲线]

使用Edit Curves/Intersect Curves [编辑曲线/相交曲线] 在两条或多条独立曲线接触或相交处创建曲线点定位器。Intersect Curves

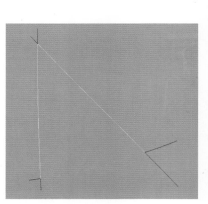

图1-3-16

命令常与Cut Curve、Detach Curve以及Snap to point [捕捉到点，快捷键V] 一起使用。

使用Intersect Curves [相交曲线] 的操作方法

（1）选择需要两条或两条以上的交叉曲线，使用方法与Cut Curve [剪切曲线] 命令类似，如图1-3-18所示。

（2）选择Edit Curves,Intersect Curves [编辑曲线/相交曲线] 命令产生交叉点，如图1-3-19所示。

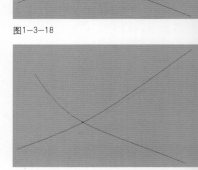

图1-3-18

图1-3-19

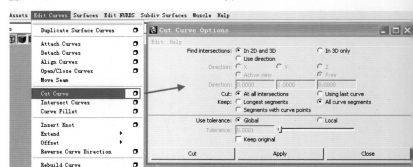

图1-3-17

设置Intersect Curves [相交曲线] 选项

选择Edit Curves/Intersect Curves，打开选项窗口，如图1-3-20所示。

Find Intersections [查找交点]：有3种方式定义曲线交叉点

In 2D and 3D：在当前视图中的曲线相交处创建交叉点。

In 3D Only：只在两条曲线实际接触的位置创建交叉点。

Use Direction [使用方向]：通过指定的方向投射形成交叉点，设置用于创建交叉点的轴和视图，有5种投射方式。

X、Y、Z：设置从选择的轴向创建交叉点。

Active view [活动视图]：运用当前被激活的摄像机视窗创建交叉点。

Free [自由]：勾选此项，可以在Direction框中，指定交点轴，自由定义投射角度，产生交叉点。

Intersect [相交]：用于控制曲线的交叉方式，有两种方式。

All Curves [全部曲线]：为所有选择的曲线创建交叉点。

With Last Curve Only [仅对最终曲线]：只为最后选择的曲线创建交点。打开这一选项，在多

条曲线与一条曲线重叠时，在最后选择的曲线上建立交点。

Use tolerance [使用公差]：用于控制产生交叉点的精度，有两种方式。

Global [全局]：使用Preferences [参数] 窗口中Setting [设置] 部分的Positional Tolerances [位置公差] 值。

Local [局部]：用户可以输入一个值改写references窗口中的值。

9.Curve Fillet [曲线倒角]

使用Edit Curves/Curve Fillet [编辑曲线/曲线倒角] 可以在两条相交曲线间创建一段圆角过渡曲线。可创建两种类型的倒角：Circular [圆形] 和Freeform [自由]。圆形倒角可创建一段圆弧，自由倒角提供各种定位和形状控制方法。

使用 Curve Fillet [曲线倒角] 的操作方法

创建曲线倒角，需要保证曲线在网格平面上或相同的构造平面上。曲线不是必须接触，如果曲线相交，那么曲线倒角操作将更容易进行。不能在闭合的曲线上创建曲线倒角。

（1）选择同一平面上的两条曲线。

（2）选择Edit Curves/Curve Fillet，针对要创建的倒角类型开启Circular [如图1-3-21所示] 或Freeform [如图1-3-22所示]，并按需要设置其他选项。单击选项窗口中的Fillet Tool按钮，完成操作。

（3）如果操作失败，请取消操作，打开Curve Fillet [曲线倒角] 选项框，输入不同的Radius [半径] 值，并再次单击Fillet Tool按钮。

设置Curve Fillet选项

选取Edit Curves/Curve Fillet，打开选项窗口。如图1-3-23所示。

Trim [修剪]：默认为关闭状态，在不影响原始曲线的前提下创建一个曲线倒角；勾选此项，将会对原始曲线进行剪切处理，只保留

图1-3-21

图1-3-22

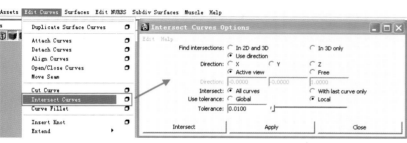

图1-3-20

原始曲线移向倒角末端的部分，删除其他部分。

Join [连接]：关闭此项时，产生的曲线倒角和原始曲线仍是分离线段；勾选此项，将修整好的曲线和倒角曲线相连，从而创建出一条新的完整曲线。只有Trim项处于打开状态时，join项才是可用的。

Construction [构造类型]：提供两种构造方式。

Circular [圆形]：默认设置，创建规则的圆形倒角。

Freeform [自由]：由选定的曲线点自由创建曲线倒角。

Radius [半径]：设置圆形倒角的半径大小。

Freeform Type [自由类型]：当设置倒角方式为Freeform [自由]类型时有效。有两种方式。

Tangent [切线]：在交点附近放置自由倒角的顶点，倒角产生的曲线以相切的方式和原始曲线相连接。

Blend [混合]：在所选曲线交点间的中心附近放置自由倒角的顶点。

Blend Control [混合控制]：勾选此项开启Depth [深度] 和Bias [偏移]，调整倒角形状的曲率。如果打开Blend Control创建圆形倒角，倒角不是圆形。

Depth [深度]：控制曲线倒角的弯曲深度，Depth值越大，交点处的倒角就越深，值越小，越接近直线。

Bias [偏移]：设置曲线倒角的左右倾斜度，控制倒角朝哪一条曲线进行弯曲。

10. Insert Knot [插入结构点]

在曲线指定位置上加入结构点对曲线进行结构调整，插入点不会改变曲线的原始形状，使曲线的段数增加，常用于曲线的细化操作。

使用Insert Knot [插入结构点]的操作方法

（1）选择曲线点击鼠标右键进入快捷菜单，选择Curve Point [曲线点] 命令，进入Curve Point [曲线点] 编辑模式，在要插入结构点的位置点击鼠标左键，激活点成黄色。

（2）选择Edit Curves [编辑曲线] /Insert Knot [插入结构点] 命令，操作完成，在曲线上插入新的结构点。如果需要在曲线上插入几个点，可以按住shift键加选多个Curve Point [曲线点]。

设置Insert Knot [插入结构点] 选项

选择Edit Curves/ Insert Knot，打开选项窗口，如图1-3-24。

Insert Location [插入位置]：设置插入结构点的位置。

At Selection [在选择处]：在选择的曲线位置处插入结构点。

Between Selections [在选择之间]：选择在两个曲线位置中间插入结构点。

Multiplicity [复合系数]：控制一次插入多个点，调整滑块设置插入点的数量。

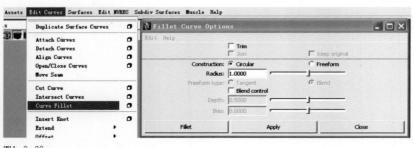

图1-3-23

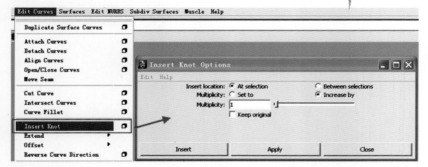

图1-3-24

Set to [设置到]：根据 Multiplicity [复合系数] 值插入一定数量的结构点。例如：当 Multiplicity [复合系数] 值为2，且At Selection为开启状态时，无论以前是否存在结构点，都会有两个结构点被插到曲线点处。

Increase by [递增由]：根据Multiplicity参数值，向曲线点中添加新的结构点。如果开启 Between Selections [选择之间]，将Multiplicity参数设置在一个比1大的值，则可以在每个结构点处创建多个结构点，且结构点的间距都是均匀的。

11.Extend [扩展]

通过Extend [扩展] 菜单下的子命令，将曲线进行延伸，分为两种类型，一种是Extend Curve [扩展曲线]，另一种是Extend Curve On Surface [扩展曲面曲线]。

图1-3-25

(1) Extend Curve [扩展曲线]

可以在开放的独立曲线上进行伸长，并不改变原始曲线的形状，它的方向由端点的方向所控制。

设置Extend Curve [扩展曲线] 的操作方法：

(1) 选择要扩展的曲线。

(2) 选择Edit Curves [编辑曲线] /Extend [扩展] /Extend Curve [扩展曲线]，在默认状态下，点击一次Extend Curve [扩展曲线] 曲线在末端扩展一个单位。如图1-3-25所示。

设置 Extend Curve 选项

选择Edit Curves/Extend/Extend Curve，打开选项窗口，如图1-3-26所示。

Extend Method [扩展方式]：设置两种不同的扩展方式。

Distance [长度]：默认设置，可以输入一个值，设置曲线延伸的长度。

Point [点]：使曲线延伸到指定位置，当激活这个设置时，下面会出现一个对话框，point to Extend to [点扩展到] X、Y、Z 三个轴向的位移坐标，用户输入数值即可。

Extend type [扩展类型]：设置选择曲线的扩展类型。

Linear [线性]：默认选项，曲线按照直线扩展曲线。

Circular [弧形]：以延伸端的弧度扩展曲线。

Extrapolate [外插法]：扩展曲线时，保持曲线以切线方向扩展曲线。

Extend Curve at [在……处扩展]：设置扩展的起始点位置。

Start [起点]：从开始点处延伸曲线。

End [终点]：默认选项，从末端点处开始延伸曲线。

Both [两点]：从两端延伸曲线。

Join to original [与原始几何体连接]：勾选此项，那么可以把曲线扩展部分和原始曲线相连接，形成一条新曲线；关闭此项，则输入曲线和曲线扩展部分是独立的对象，用户可以分别对它们进行变形。

Remove Multiple Knots [删除多个节]：当Join to original [与原始几何体连接] 处于开启状态，曲线形成新的曲线时，删除新曲线上重合的结构点。

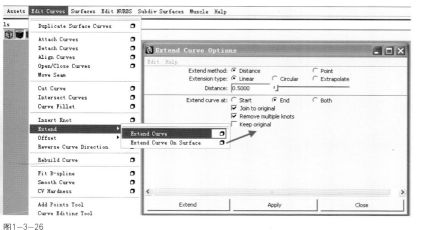

图1-3-26

(2) Extend Curve on Surface [扩展曲面上的曲线]

和扩展曲线类似，Extend Curve on Surface [扩展曲面上的曲线] 工具可以延长曲面上的曲线。所不同的是Extend Curve on Surface是针对曲面曲线，延伸出的曲线仍然是曲面曲线。

使用Extend Curve on Surface [扩展曲面上的曲线] 的操作方法

① 选择在曲面上的曲线。

② 选择Edit Curves [编辑曲线] /Extend [扩展] /Extend Curve on Surface [扩展曲面曲线] 设置扩展的选项。单击Extend Cos按钮，操作完成。如图1-3-27所示。

设置Extend Curve on Surface 选项

选择Edit Curves/Extend/ Extend Curve on Surface ，以显示选项窗口。此选项窗口的选项和Edit Curves/Exten /Extend Curve里面的选项一样，如图1-3-28所示。

Extend Method [扩展方式]：设置曲面UV空间中曲线的扩展方式。

Parametric Distance [距离]：输入一个数值，设置曲线的长度。

UV Point [点]：可以在UV Point to Extend to 输入栏中设置延伸的坐标。要延伸的坐标要使用实际而非估计的UV值，选择

Create [创建] /Measure Tools [测量工具] /Parameter Tool [参数工具] 命令，在曲面上点击鼠标左键进行定位一个点，这样会在曲面上显示该点的UV坐标。

Extension type [扩展类型]：设置曲线的扩展类型。

Linear [线性]：曲线按照直线扩展曲线。

Circular [弧形]：以延伸端的弧度扩展曲线。

Extrapolate [外插法]：扩展曲线时，保持曲线以切线方向扩展曲线。

Extend Curve at [在……处扩展]：设置扩展的起始点位置。

Start [起点]：从开始点处延伸曲线。

End [终点]：默认选项，从末端点处开始延伸曲线。

Both [两点]：从两端延伸曲线。

Remove Multiple Knots [删除多个节]：当Joint to original [与原始几何体连接] 处于开启状态，曲线形成新的曲线时，删除新曲线上重合的结构点。

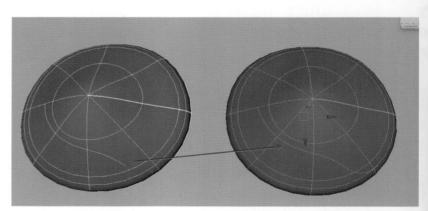

图1-3-27

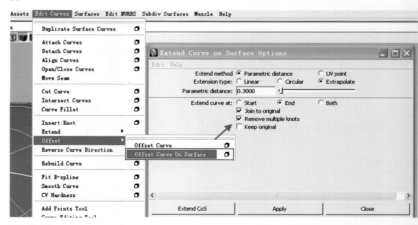

图1-3-28

12. Offset [偏移]

将曲线平行偏移一定距离，产生一条新的曲线，创建一条与所选曲线平行的曲线或等位结构线，对封闭曲线而言会产生一个平行的轮廓线。分为两种类型：Offset Curve [偏移曲线] 和Offset Curve On Surface [偏移曲面曲线]。

（1）使用Offset Curve [偏移曲线] 的操作方法

选择要偏移的曲线，然后选择Edit Curves [编辑曲线] /Offset [偏移] /Offset Curve [偏移曲线] 命令，产生偏移曲线。使用默认设置，将创建一条偏移距离为1.0的偏移曲线。如图1-3-29所示。使用操作器工具交互调节曲线间距，也可以通过通道栏或属性编辑器调节。

设置Offset Curve [偏移曲线] 选项

选择Edit Curves [编辑曲线] /Offset [偏移] /Offset Curve [偏移曲线] ，打开选项窗口，如图1-3-30所示。

Normal Direction [法线方向]：设置偏移曲线的偏移类型，有两种类型。

Active View [当前视图]：以当前视图为标准定位偏移曲线。

Geometry Average [几何平均值] ：以选择曲线的法线为标准定位偏移曲线。

Offset Distance [偏移距离]：用于设置原始曲线和偏移曲线的距离，在创建完成后，可以通过通道栏或属性编辑器进行调节。

Connect Breaks [断开连接]：在偏移时，如果创建一条有多个节点 [或CV] 且偏移量大于1的偏移曲线，所创建的偏移曲线的角度可能会很尖锐。而且有时曲线分成不连续的几段，系统会自动将断点进行连接。

Circular：在断点处以圆弧方式创建连续的曲线。

Linear：用直线连接断点，创建连接曲线。

Off：不对断点进行连接，将偏移曲线分割成几段不连续的曲线。

Loop Cutting [环切] ：曲线偏移时，可能会产生曲线自身相交的环形曲线，设置是否剪切平面曲线里的环形部分，相对于原始曲线的偏移距离超过最小弯曲半径时会产生偏移几何体线圈。

Cutting Radius [环切半径]：当开启Loop Cutting时，使用Cutting Radius参数值，可以减缓环切处折角的尖锐。

Max Subdivision Density [最大细分密度] ：设置在当前Tolerance [公差] 范围内，设置偏移几何体可以被细分的最大次数。默认值5是指曲线上的任意跨度可以细分5次。

（2）Offset Curve On Surface [偏移曲面上的曲线]

创建一条曲线，让它平行于指

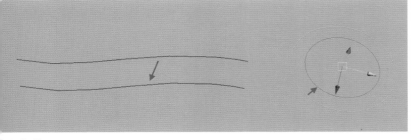

图1-3-29

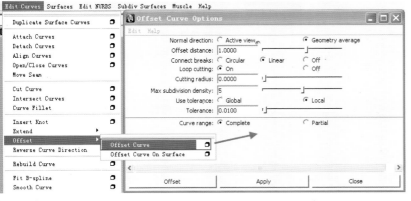

图1-3-30

定方向上原曲面上的曲线。

使用Offset Curve On Surface 的操作方法

选择曲面上的曲线，选择Edit Curve/Offset/Offset Curve On Surface，操作完成，如图1-3-31所示。曲面上的曲线以1为单位的默认距离偏移。可以使用通道栏或属性编辑器进行偏移调节操作。

设置Offset Curve On Surface 选项

选取Edit Curves[编辑曲线]/Offset[偏移]/Offset Curve On Surface[偏移曲面曲线]，打开选项窗口，如图1-3-32所示。选项窗口中各个选项的意义和Offset Curve的介绍是同样的意思，在这就不做介绍了。

13.Reverse Curve Direction [反转曲线的方向]

反转曲线CV控制点的起始位置，也就是将起始点和结束点位置互换。

Reverse Curve Direction [反转曲线的方向]的操作方法：

选择曲线，选择Display[显示]/NURBS/CVs，显示曲线上的CV点，如图1-3-33所示，选择Edit Curves[编辑曲线]/Reverse Curve Direction[反转曲线方向]，操作完成，如图1-3-34所示。在默认状态下，CV在U方向上被反转。

14.Rebuild Curve [重建曲线]

可以重建一条NURBS曲线或者曲面上的曲线，将曲线上的CV点和EP点重新排布，在曲线形态基本不变的情况下减少或增加控制点，从而对曲线进行平滑处理或降低其复杂性。

使用Rebuild Curve[重建曲线]的操作方法

选择需要重建的曲线，选择Edit Curves/Rebuild Curve[重设曲线]命令，设置相关选项，操作完成。

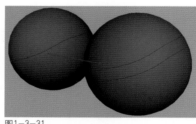

图1-3-31

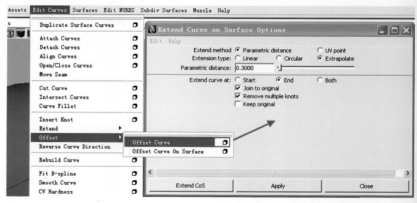

图1-3-32

设置Rebuild Curve选项

选择Edit Curves[编辑曲线]/Rebuild Curve[重建曲线]，打开选项窗口。如图1-3-35所示。

Rebuild Type[重建类型]：

Uniform[统一]：可以通过统一的参数设置重建一条曲线。用户可以改变段数或曲率。

Reduce[精简]：如果选取Reduce,会在公差值范围内删除多余的节，公差值越高，删除的节越多。

Match Knots[匹配结构点]：选择这一选项，对两条不同段数的曲线进行段数匹配。

No Multiple Knots[无复合结构点]：在重建曲线操作时，删除所有的附加节，仍保持原曲线的段数。

Curvature[曲率]：选取Curvature项，可以在曲线度数和形状不变的情况下，在高曲率的区域

图1-3-33

图1-3-34

插入更多Edit Point [编辑点]，以获得更多的段数。

End Conditions [末端调节]：重新设定曲线末端的CV和结构点的位置，在曲线的终点指定或去除重合点。

Parameter Range [参数范围]：在重建曲线时来修改曲线范围。

0 to 1：默认选项，在曲线重建后，曲线的参数范围是0至1。

Keep [保留]：选择此项在曲线重建后，意味着重建曲线的参数范围和原始曲线的参数范围相同。

0 to # Spans [0到段数]：选择此项在重建后，结果曲线的0至#跨距给出整数的节值，这样可

以更加方便地进行数字输入。

Keep [保留]：使重建曲线保持原曲线的端点、切线、控制点或段数。

Number of Spans [段数]：设置结果曲线中点的数量，段数越多，EP点和CV点的数量就越多，形状就越接近原始曲线。

Degree [次数]：参数值越高，曲线越平滑。可以设置1、2、3、5和7次。对于大多数曲线，当采用默认设置 [3 Cubic] 时，作用效果十分不错。

15. Fit B-spline [适配B样条曲线]

可为1次 [线性] 曲线转换并适配一个三次曲线。当我们从其他的系统中输入曲线和曲面时，可以运用Fit B-Spline命令创建一个与之相配的三次曲线。一条NURBS曲线可以通过Rebuild Curve [重建曲线] 命令将一次曲线转换为三次曲线，但与Fit B-spline [适配B样条曲线] 命令转换三次曲线效果不同，Fit B-spline [适配B样条曲线] 不仅可以转换曲线，还可以适配曲线形状。

使用Fit B-spline [适配B样条曲线] 的操作方法

选择要转换为三次曲线的一次曲线，选择Edit Curves/Fit B-Spline 命令转换曲线，形成新的三次曲线。如图1-3-36所示。

设置Fit B-Spline 选项

选择Edit Curves [编辑曲线] /Fit B-Spline [适配B样条曲线]，打开选项窗口，如图1-3-37所示。

Use Tolerance：公差值决定了Fit B-Spline [适配B样条曲线] 操作的精确度。

Global [全局]：默认设置，公差值是0.010。

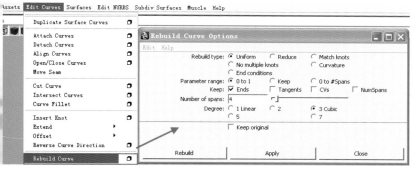

图1-3-35

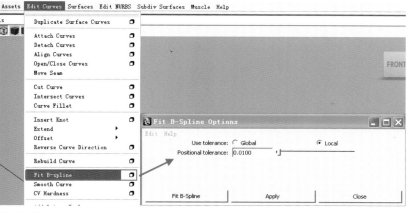

图1-3-37

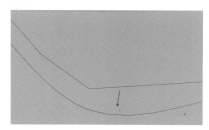

图1-3-36

Local [局部]：用户可以在 positional tolerance 框中改变公差值。

16.Smooth Curves [平滑曲线]

使曲线变得更平滑。对于 Pencil Curve Tool [铅笔工具] 或由转换数据创建的曲线，这一命令非常有用。Smooth Curves作业于整条独立曲线，不能作用在周期曲线、封闭曲线、曲面等位结构线或者是曲面上的曲线上。Smooth Curves 不改变控制点的数目。

Smooth Curves [平滑曲线] 的操作方法：

选择需要平滑处理的曲线，选择Edit Curves/Smooth Curves，设置Smoothness [平滑度] 参数。如果参数值接近0，平滑程度则较小。默认参数值为10，平滑程度则适中。单击Smooth按钮，完成操作。如图1-3-38所示。

设置Smooth Curves [平滑曲线] 选项：

选择Edit Curves [编辑曲线] /Smooth Curves [平滑曲线]，打开选项窗口，如图1-3-39所示。

Smoothness [平滑度]：设置平滑程度，值越大，曲线越平滑，与原始曲线偏差也越大。

17.CV Hardness [硬化CV点]

打开或者关闭ＣＶ的硬度，可以调整控制点创建较尖锐的曲线。

使用CV Hardness [硬化CV点] 的操作方法

选择曲线的ＣＶ点，选择Edit Curves/CV Hardness命令，操作完成，如图1-3-40所示。ＣＶ Hardness [硬化CV点] 不是对所有CV点进行硬化，根据NURBS曲线次数的不同而不同。

设置CV Hardness [硬化CV点] 选项

选择Edit Curves [编辑曲线] / CV Hardness [硬化CV点]，打开选项窗口，如图1-3-41所示。

Multiplicity [复合系数]：默认情况下，三次曲线创建时，最后一个ＣＶ将有三个多重性因数，它们之间的弧有一个多重性因数。

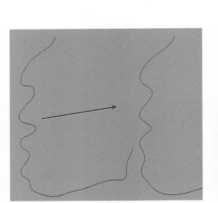

图1-3-38

Full [全部]：默认选项，改变多重性因数使其从1到3时，每条可控边上至少有两个控制点，而且可控边有一个多重性因数。

Off [关闭]：改变内部曲线的多样性，使其从3到1。

18.Add Points Tool [添加点工具]

一条曲线创建完成之后，可以添加ＣＶ点，以达到对曲线精确控制的目的。使用Edit Curves/Add Points Tool [编辑曲线/添加点工具] 可以为曲线或曲面上的曲线添加附加的ＣＶ或者编辑点。向曲线始端添加点时，请首先选择Edit Curves/Reverse Curves命令反转方向。

Add Points Tool [添加点工具] 的操作方法：

图1-3-40

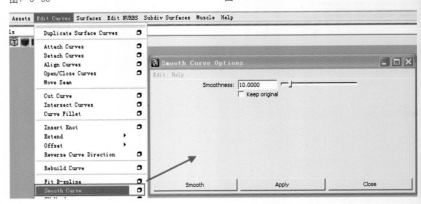

图1-3-39

选择需要添加点的曲线，选择Edit Curves/Add Points Tool，当前在视图中单击，添加新的CV点。当操作完毕时，按Enter键。完成添加新的点。

19.Curve Editing Tool [曲线编辑工具]

用便捷的操纵器改变曲线的形状。

修改曲线：

（1）选择Edit Curves/Curve Editing Tool命令。

（2）单击曲线以显示曲线操纵器。

（3）拖拽当前操纵器手柄，以改变曲线点的位置和切线。

20.Project Tangent [投射切线]

可以在曲线的终点修改曲线的切点，使它和曲线的切线或者两条其他相交曲线的切线一致。可以使用这种方法调整曲线的曲率以匹配曲面的曲率，或者两条曲线相交处的曲率。

尽管用户可以使用Align Curves [对齐曲线] 命令 [Edit Curves/Align Curves] 建立连线的切线平面，但是它只能使曲线与曲线对齐或者曲面与曲面对齐。

在曲面上投射曲线的切线

（1）选择目标曲面，然后选择想修改的曲线。

（2）选择Edit Curves/Project Tangent命令。

在曲线上投射切线

（1）在投射切线时，要确认需要投射曲线的终点位于其他曲线的交点上。

（2）先选择要投射切线的曲线，然后按住Shift键选择其他的曲线。

（3）切线投射的方式取决于最后选择的曲线 [以绿色显示]。

设置Project Tangent选项

选取Edit Curves/Project Tangent，打开选项窗口。如图1-3-42所示。

Construction [构造类型]：

Tangent：通过在曲线与曲面的切线平面相交处投射切线矢量来实现对曲线的修改。这意味着仅对曲线和曲面相交的起点或终点作修改。

Curvature：让曲线的切线和曲率与切线矢量方向上的曲面相一致。

Tangent Align Direction [切线对齐方向]：

Tangent Align Direction选项提供了一个方便的方式反转切线矢量的方向。

Normal是切平面的法线矢量，选取Normal选项使曲线的法线与一个曲面或者两条曲线相垂直。

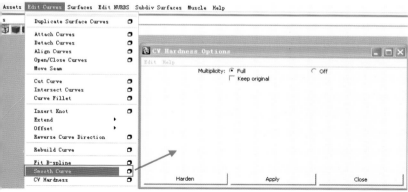

图1-3-41

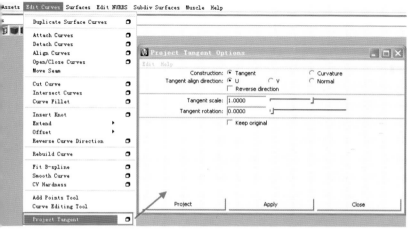

图1-3-42

Reverse Direction [反转方向]：

打开或关闭Reverse Direction [反转方向]，可以调整切线矢量的方向，从而使其指向相反的方向。

Tangent Rotation [切线旋转]:

Tangent Rotation 滑块显示当前切线的旋转角度。

Curvature Scale 投射切线时首先要选取一个要调整的曲线，然后选取一个曲面 [或相交于曲线端点的两条曲线]，曲线把它的切线矢量投射到与曲面相交处的切平面上。

二、Modify Curves [修改曲线]

1.Lock Length [锁定长度]

Lock Length [锁定长度] 命令用于锁定曲线的长度。

Modify Curves [修改曲线] 操作方法：

选择一条曲线，选择Edit Curves/Modify Curves/Lock length [编辑曲线/修改曲线/锁定长度] 命令，选择曲线进入组元编辑模式，选择CV点，使用移动工具编辑曲线形状，曲线两端端点不会增加长度。

2.Unlock Length [解除锁定长度]

Unlock Length [解除锁定长度] 命令为锁定长度的曲线解除锁定长度。

Unlock Length [解除锁定长度] 的操作方法：

选择要解除锁定长度的曲线，选择Edit Curves/Modify Curves/Unlock length [编辑曲线/修改曲线/解除锁定长度] 命令，操作完成。

3.Straighten [拉直]

对所选曲线进行拉直。

使用Straighten [拉直] 的操作方法

选择一条曲线，选择Edit Curves/Modify Curves/Straighten [编辑曲线/修改曲线/拉直] 命令，将选择的曲线拉直成一条直线。如图1-3-43所示。

设置Straighten [拉直] 选项

选择Edit Curves/Modify

图1-3-43

Curves/ Straighten，打开选项窗口，如图1-3-44所示。

Straighten [伸直度]：设置控制曲线拉直的强度。

Preserve Length [保持长度]：在曲线拉直时用于保持曲线的原有长度。

4.Smooth [平滑]

对曲线进行平滑处理。

使用Smooth [光滑] 的操作方法：

选择一条曲线，选择Edit Curves/Modify Curves/ Smooth [编辑曲线/修改曲线/平滑] 命令，将选择的曲线做平滑处理。如图1-3-45所示。

图1-3-45

图1-3-44

设置Smooth[平滑]的选项

选择Edit Curves/Modify Curves/Smooth，打开选项窗口，如图1-3-46所示。

Smooth factor[平滑度]：用于控制曲线的平滑强度。

5.Curl[卷曲]

对曲线进行卷曲处理。

使用Curl[卷曲]的操作方法

选择一条曲线，选择Edit Curves/Modify Curves/ Curl[编辑曲线/修改曲线/卷曲] 命令，将选择的曲线产生卷曲效果。如图1-3-47所示。

设置Curl[卷曲]的选项

选择Edit Curves/Modify Curves/Curl ,打开选项窗口，如图1-3-48所示。

Curl Amount[卷曲度]：用于控制曲线的卷曲强度。

Curl Frequency[卷曲频率]：用于控制曲线的卷曲频率。

6.Bend[弯曲]

对曲线进行弯曲处理

使用Blend[弯曲]的操作方法

选择一条曲线，选择Edit Curves/Modify Curves/Blend[编辑曲线/修改曲线/弯曲] 命令，将选择的曲线弯曲变形。如图1-3-49所示。

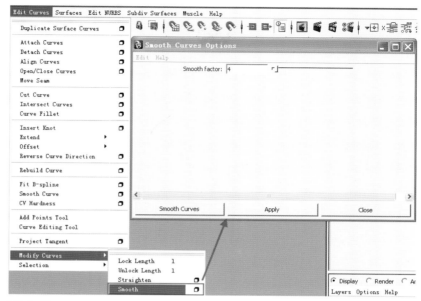

图1-3-46

图1-3-47　　　　　　　　　　　　图1-3-49

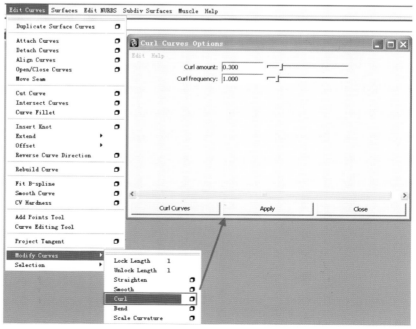

图1-3-48

设置Bend [弯曲] 的选项

选择Edit Curves/Modify Curves/bend ,打开选项窗口，如图1-3-50所示。

Bend amount [弯曲度] :用于控制曲线弯曲的强度。

Twist [扭曲]：用于控制曲线弯曲的方向。

7.Scale Curvature [曲率比例]

用于控制曲线的曲率变化，缩小或放大曲线的曲率，它是在原曲线曲率的基础上乘以一个系数Scale Facfor。如果选择的是一条曲线，Scale Curvature [曲率比例] 无效。

使用Scale Curvature [曲率比例] 的操作方法

选择一条曲线，选择Edit Curves/Modify Curves/Scale Curvature [编辑曲线/修改曲线/曲率比例] 命令，修改选择曲线的曲率范围。如图1-3-51所示。

设置Scale Curvature [曲率比例] 选项

选择Edit Curves/Modify Curves/Scale Curvature，打开选项窗口，如图1-3-52所示。

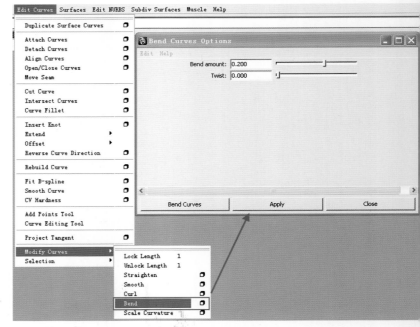

图1-3-50

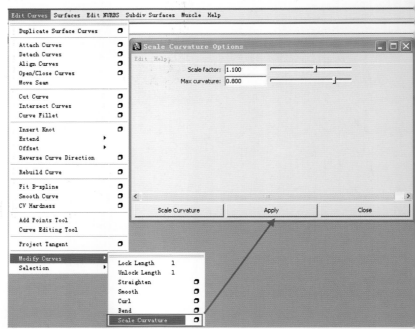

图1-3-52

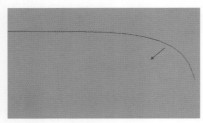

图1-3-51

Scale Factor [比例因子]：用于控制曲线的曲率改变比例，大于1弯曲度加大，小于1弯曲度变小，当值为0时曲线会变成直线。

Max Curvature [最大曲率]：用于控制最终曲线的最大弯曲程度和曲线相邻两端的最大夹角。

第四节 //// 创建NURBS曲面

本节主要讲解如何通过用曲线来创建曲面，以及根据不同曲线的要求使用不同命令设置曲面。

1.Revolve [旋转成面]

使用Revolve [旋转成面] 命令可以将一条曲线 [作为一条轮廓线] 沿着一个旋转轴旋转产生曲面。任何曲线都可以被旋转：自由曲线、曲面曲线、Isoparm [等位结构线] 或剪切边界线。

使用Revolve [旋转成面] 命令可以设置沿任意一个轴旋转任意角度，其中无论旋转角度是正值还是负值都可以形成曲面。

使用Revolve [旋转成面] 的操作方法

（1）在前视图或侧视图中，使用CV曲线创建一个轮廓曲线。如图1-4-1所示。

（2）选择曲线，选择Surfaces/Revolve [曲面/旋转成面] 命令，创建旋转曲面。如图1-4-2。创建完成后，如果觉得生成曲面效果不理想，可以选择曲线的CV点进行编辑曲线形状，曲面形状也会随着发生改变。如果选择曲线或曲面删除历史记录，调整曲线将不影响曲面的形状。

（3）创建完成后选择曲面模型，按Ctrl+a键打开属性编辑器或者打开通道栏，单击Revolve节点

标签展开属性列表，可以设置旋转曲面的Axis [轴]、Pivots [枢轴点] 等属性进行修改。

设置Revolve [旋转成面] 选项

选择Surface/Revolve，打开选项窗口，如图1-4-3所示。

Axis preset [预置轴向]：设置旋转的轴向，默认为Y轴。有四种不同方式设置不同旋转轴向，分别是X、Y、Z和Free [自由]。X、Y、Z三种方式分别以坐标系的X、Y、Z轴为旋转轴。

使用Free [自由] 可以在Axis [轴] 项X、Y或者Z框中输入数值设定轮廓曲线旋转所围绕的轴。

Pivot [枢轴点]：有两种类型控制旋转轴心点的位置。

Object [对象]：默认设置，是以曲线自身的轴心位置做旋转成面操作，旋转操作将使用默认的枢轴位置 [0，0，0]。

Preset [预置]：设置此项可

以在下面的Pivot Point [枢轴点] 项中自定义曲线旋转中心的位置。

Surface Degree [曲面次数]：该参数主要决定旋转面V参量方向的次数，这里有两种方式。

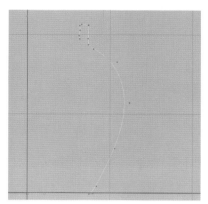

图1-4-1

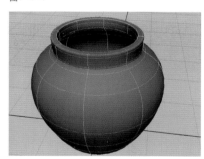

图1-4-2

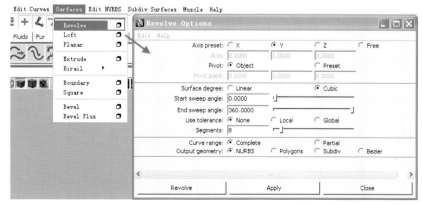

图1-4-3

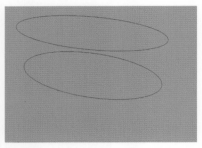

图1-4-4

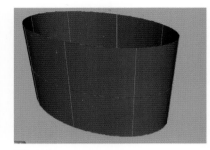

图1-4-5

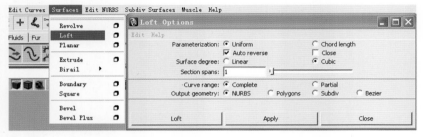

图1-4-6

图1-4-7

图1-4-8

图1-4-9

Linear［线性］：为不光滑的线性曲面，曲面由平坦的小平面构成。

Cubic［三次］：为光滑连续的曲面。这是默认选项。

Start and End Sweep Angle［起始和结束扫描角］：设置旋转曲面的起始和结束角度，局部创建曲面。默认为360，即范围是0至360。

Segments［段数］：设置旋转面V方向上的段数设置，段数越多越光滑。对于360的旋转面，通常6个段或8个段就足够了。

Output geometry［输出几何体］：此项设置用于控制在曲面旋转后输出不同类型的几何体。共有4种类型，分别是NURBS、Polygons［多边形］、Subdivide［细分曲面］和Bezier［贝塞尔曲面］。

2.Loft［放样成面］

使用Loft［放样成面］命令可以生成一个经过一系列连续的轮廓线产生曲面。就像在一个线框上蒙上画布一样。曲线可以是自由曲线、Isoparm［等位结构线］、曲面曲线或剪切边界线。使用Loft［放样成面］命令会根据曲线选择的先后顺序不同，产生不同的放样结果。放样成面常常用于由曲线或原始形状创建新曲面，或者闭合开放的曲面。

使用Loft［放样成面］的操作方法

（1）按顺序选择需要放样的曲线。如图1-4-4所示。

（2）选择Surface/Loft［曲面/放样成面］生成曲面。如图1-4-5所示。

设置Loft［放样成面］选项

选取Surfaces/Loft，打开选项窗口。如图1-4-6所示。

Parameterization［参数化］：修改曲面的V向参数，有两种方式。

Uniform［统一］：保证轮廓曲线与V方向平行，生成的曲面在V方向上的参数值是等距离的。

Chord Length［弦长］：生成的曲面在V方向上的参数值由轮廓线间距而定。

Auto Reverse［自动反向］：在曲线的起始方向不同时进行放样，会产生扭曲面。

如图1-4-7曲线环的方向不一致，在Auto Reverse［自动反转］项处于关闭状态时，会产生扭曲曲面，如图1-4-8。如果打开Auto reverse［自动反转］项，会自动反转曲线方向，产生正确的曲面效果，如图1-4-9。如果关闭了自动反转设置，在曲面创建完成后，选

第一章 NURBS建模技术　　Maya模型制作

择曲面，使用操纵器工具在通道栏中单击Loft节点，可以交互调节曲线方向。

注：使用操纵器操作时，在每条放样曲线上都会有个圆形手柄，在上面单击改变曲线方向。

Close［闭合］：在勾选此项执行Loft［放样成面］命令时，所生成的曲面会在起始选择的轮廓线和结束选择的轮廓线之间［V方向］产生闭合。默认是关闭的。

Surface Degree［曲面次数］：用于设置产生曲面的次数，Linear［线性］生成不光滑的线性曲面。Cubic［三次］生成光滑的连续曲面。

3. Planar［平面］

通过一条或多条曲线创建剪切平面。在使用Planar［平面］命令时，必须是一条或多条组成的封闭路径，并且路径必须是在同一平面内。执行Planar［平面］命令的曲线可以是自由曲线，也可以是isoparm［等位结构线］、曲面曲线或剪切边界线等。

不同组合的封闭路径，通过Planar［平面］命令所产生的结果也不一样。

使用Planar［平面］命令创建平面后，在通道栏中会增加一个keep Out side［保留外面］选项，如果将它设置为On，则会反向剪切曲面。

使用Planar［平面］的操作方法

单击封闭曲线或等位结构线并选择Surface/Planar命令，一个剪切曲面即被创建。

设置Planar Trim Surface 选项

选择Surfaces/Planar 打开选项窗口，如图1-4-10所示。

Degree［次数］：用于设置NURBS曲面光滑次数。有两种方式。

Linear［线形］：生成不光滑的线性曲面。

Cubic［三次］：生成连续的光滑曲面。

4. Extrude［挤压曲面］

一条路径曲线沿着某一个方向、一个横截面的轮廓曲线或一条路径曲线移动从而挤出一个曲面。轮廓线可以是开放的或封闭的自由曲线，也可以是等位结构线、曲面曲线或者是剪切边界线。

使用Extrude［挤压曲面］的操作方法

（1）首先选择轮廓曲线，然后按下Shift键选择路径曲线。如果选取的是两条以上的轮廓曲线，再最后选择路径曲线。如图1-4-11所示。

（2）选择Surfaces/Extrude命令，操作完成，如图1-4-12所示。

设置Extrude［挤压曲面］选项

选择Surfaces/Extrude 打开选项窗口。如图1-4-13。

Style［类型］：提供了3种挤压类型。

Distance［距离］：沿指定方向挤压轮廓曲线，开启此项时不需要选择路径曲线。

Flat［平直］：轮廓曲线沿路径曲线平行移动挤出曲面，轮廓曲线在挤压时保持方向不变，曲面不会根据路径的弯转变化而变化。

Tube［管状］：默认选项，轮廓曲线沿路径移动的同时进行旋转，并保证与路径曲线的方向相切。

图1-4-10

图1-4-11

图1-4-12

勾选Distance［距离］类型的参数：

Extrude Length［挤压长度］：设置挤压曲面延伸的长度。

Direction［方向］：勾选Distance［距离］类型可以修改此项，有两种类型可供选择：

Profile Normal［轮廓法线］：勾选将路径的方向设置为轮廓曲线的法线，如果轮廓曲线不平坦，将使用平均法线。

Specify［指定方向］：自定义挤压曲面的方向。

Surface Degree［曲面次数］设置挤压曲面光滑次数。有两种选项。

Linear［线性］：在等位结构线间生成锐化的曲面。

Cubic［3次］生成平滑连续的曲面。

Result Position［最终位置］：决定曲面挤压的位置，有两种方式。

At Profile［在轮廓线上］：在轮廓曲线的位置处挤压曲面。

At Path［在路径上］：在路径曲线的位置处挤压曲面。

Pivot［枢轴］：Pivot选项只有在用户在Style设置为Tube［管状］时才是可用的。如果将Result Position设置为At Path，便可以选取轮廓曲线并把它定位于挤压路径上的枢轴点上。

如果选取Closest End Point［最近的端点］，将会使用距离界限框的中心最近的路径端点，此端点用作轮廓曲线的枢轴点。如果执行多次拉伸，生成的曲面便会从路径处开始移位。

选取Component［元素］，表示各条轮廓曲线的枢轴点用于拉伸轮廓曲线，拉伸就会沿轮廓曲线的元素发生。

Direction［方向］：Orientation选项只有在Style的设置为Tube时才是可用的。选取Path Direction［路径方向］，拉伸的方向将由路径曲线的方向决定，默认情况下，拉伸的方向由Profile Normal［轮廓法线］决定。

5.Birail［轨道］

可以沿两条轨道曲线扫过一条或多条轮廓曲线创建一个曲面。菜单名中的数目是可以沿轨道曲线扫过的轮廓曲线的数目，Birail 1是指扫过一条轮廓曲线，Birail 2是指扫过两条轮廓曲线，Birail 3+指扫过三条或多条轮廓曲线。

在选取Birail Tool之前，要先检查所有的工作区视图，以确认轮廓曲线穿过轨道曲线。轮廓曲线和轨道曲线可以是等位结构线、曲面上的曲线、现有曲面的修剪曲线或边界曲线。

使用Birail Tool［轨道］的操作方法

（1）选择Surfaces/Birail/Birail nTool。如果需要的轮廓线为1条，选择Birail 1 tool，如果轮廓线为2条，则选择Birail 2 tool，如果果3条以上，则选择Birail 3-tool，

（2）单击要作为轮廓线的曲线，如图1-4-14所示，然后单击两条轨道曲线。如图1-4-15所示。

设置Birail Tool［轨道］选项

选取Surfaces/Birail/Birail nTool 打开选项窗口，窗口中的多数选项与Birail 1、2、和3+ tool中的参数设置非常类似，以Birail 2 tool［双轨工具］参数进行讲解，如图1-4-16。

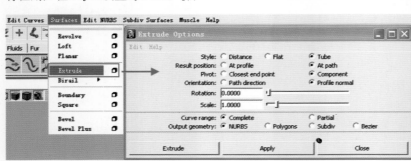

图1-4-13

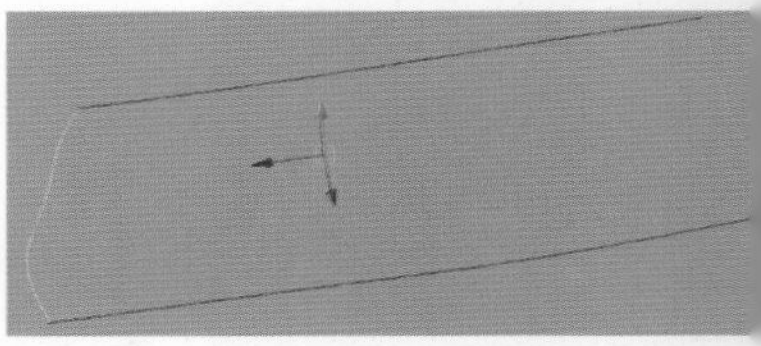

图1-4-14

图1-4-15

Transform Control [变换控制]：设置轮廓曲线扫描的方式。

选择Proportional [比例] 或 Non Proportional [无比例]，确定沿轨道缩放轮廓曲线的方式。

Profile Blend Value [轮廓融合值]：使用Birail 2 tool此参数有效，用于改变两轮廓曲线对曲面的影响力。

Continuity [连续性]：这一选项使曲面切线保持连续性。

First Profile：保持首选的轮廓线连续性。

Second Profile：保持第二次选择的轮廓线连续性。只有Birail 2 Tool和Birail 3+ Tool 两种工具才有此选项。

Rebuild [重建]：打开Rebuild选项可以在创建曲面之前来重建轮廓线成轨道曲线。

First Profile：重建首先选择的轮廓曲线。

Second Profile：重建第二次选择的轮廓曲线。只有Birail 2 Tool和Birail 3 Tool 两种工具才有此选项。

First Rail：当重建曲面时，重建首先所选的轨道曲线。

Second Rail：当重建曲面时，重建第二次选定的轨道曲线。

Tool Behavior [工具状态]：用于在创建轨道曲面后，是否停止当前工具的使用，还是继续使用当前工具创建曲面。

Exit On Completion [停止工具的使用] 如果关闭此选项，可以不必再次选择工具，进行另一个创建轨

道曲面的操作。

Auto Completion：在每一步操作完成后，都显示提示。如果此选项处于关闭状态，则必须以正确的顺序选择曲线，进行另一个创建轨道曲面的操作。先单击轮廓曲线，然后单击两条轨道曲线。

6.Boundary [边界成面]

使用Surfaces/Boundary可以用三条曲线或者四条曲线生成曲面。边界曲线 [或轮廓曲线] 定义了曲面的轮廓。轨道曲线定义了相交部分。边界成面不必像轨道工具那样必须首尾相交，可以是不闭合曲线或交叉曲线。使用Boundary [边界成面] 命令创建曲面，要注意曲线的选择顺序，选择顺序不同形成曲面的结果也不一样。

使用Boundary [边界成面] 的操作方法

创建四边形曲面：

在开始工作之前，需要用四条边界曲线定义曲面边界的轮廓。可以框选四条曲线，或者以特定的程

序选择曲线。曲线选择完毕之后，选择Surfaces/Boundary命令。

框选曲线：

边界曲线的选择顺序将会对曲面产生影响，创建的第一条曲线将定义生成曲面的U参数。如图1-4-17、1-4-18所示。

以特定的顺序点选曲线：

尽管在选取曲线时可以不使用特定的顺序，但是我们可以对边的顺序点取曲线。这就是说，选取的第二条曲线应该和第一条曲线是平行的。这样一来，可以控制哪一对

图1-4-17

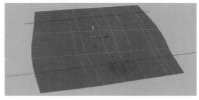

图1-4-18

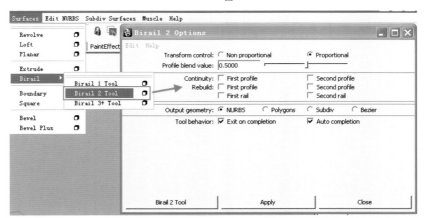

图1-4-16

曲线将被修改和定位，这样它们的端点将和第二个"曲线对"的端点相匹配。记住一点，选取的第一条曲线将会定义生成曲面的U参数方向。如图1-4-19、1-4-20所示：

创建三条边曲面

选择三条曲线以定义曲面边界的轮廓，然后选择Surfaces/Boundary命令。

框选曲线

如果想使用这种方式选取曲线，请首先生成两条在顶点相交的曲线，然后创建第三条曲线。如图1-4-21、1-4-22所示。

以特定的顺序点选曲线

尽管三条边界曲线的方向对于三边形曲面不很重要，但结果还是根据选择曲线顺序的不同而不同。首先选择的曲线定义了结果曲面的U参数方向，顶点总是出现在第一条曲线和第二条曲线相交的地方。如图1-4-23、1-4-24所示。

在NURBS建模中，NURBS面片都是由4条边界线构成，不可能出现3条或5条以上的边界线。通

图1-4-19

图1-4-20

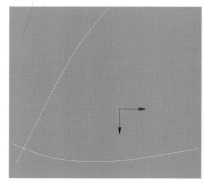

图1-4-21

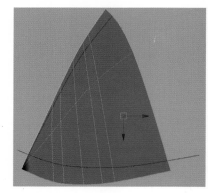

图1-4-22

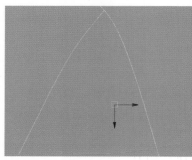

图1-4-23

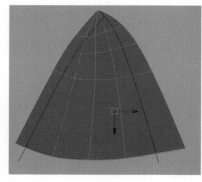

图1-4-24

过3条曲线形成三边面时，一个三边的曲面实际上是一边长度为0的四边曲面，只是其中的一条边被收缩在一个点上，看似是三边面。如果两条边界曲线的端点并不完全匹配，一条短的线段将替换0长度线。0长度线出现在三边曲面的顶点处。因此常用Degenrate Surface [退化曲面] 描述带有0长度边的曲面。尽管退化曲面适合于视觉感官，但是不可能和所有的操作系统相兼容。

从上面的实例我们可以看出，Boundary [边界成面] 的形状是由最后一条选择的边界曲线形状所决定的。

设置Boundary [边界成面] 选项

选取Surfaces/Boundary 打开选项窗口。如图1-4-25。

Curve Ordering [曲线顺序]：创建曲面时选择曲线的顺序。

Automatic [自动]：将以内部默认设置生成曲面。

As Selected [选择]：按选取的顺序生成曲面。

Common End Points [公共端点]：在边界曲面生成之前决定是否对端点进行匹配。

Optional [随意]：即使端点不匹配，边界曲面也会生成。该选项为默认设置。

Required [必须]：只有在端点完全匹配的情况下，曲面才会生成。

在绘制完曲线后匹配端点

（1）在状态栏中打开一种捕捉模型，例如Snap to grids。

（2）在Component Mode下，选取想移动的编辑点或者CV。

（3）选取Move Tool [移动工具] 捕捉到相同位置。

7.Square [方形成面]

使用正方形工具创建三边形或四边形曲面。边界曲面和相邻边保持连续性。必须选择四条边界曲线来定义曲面边界。

曲面边界可以是等位结构线、曲面曲线、剪切边界线或自由曲线。自由曲线不能赋予切线，它们创建的结果曲面与边界曲面的特点类似，Square [方形成面] 能够生成比Boundary [边界成面] 更光滑的过渡曲面。

使用Square [方形成面] 的操作方法

所选的所有的曲线都必须是相交的。选择曲线，使接下来选择的曲线与当前曲线相交，所生成的曲面根据所选的第一条曲线的不同而不同，因为第一条曲线设置曲面的U方向，相应地第二条曲线设置曲面的V方向。如图1-4-26、1-4-27所示：

设置Square [方形成面] 选项

选择Surfaces/Square ，打开选项窗口。如图1-4-28所示：

Continuity Type [连续性类型] ：设置创建的曲面切线的类型。有3种类型：

Fixed Boundary：不保证曲线的连续性。

Tangent：由所选的曲线创建平滑的、连续的曲面。当此项处于开启状态时，Curve Fit Checkpoints 选项即为可用，它设置了要创建的正方形曲面的精度。

Implied Tangent：依据曲线所在的平面的法线，创建曲面切线。

Curve Fit Checkpoints [曲线适配核对点] ：设置用于实现曲面曲线连续性的等位线数目。参数值越大，所创建的曲面连续性越精确，曲面也更光滑，但曲面的用途可能会减少，尤其当曲面曲线相交时，这种可能性更大。

Rebuild [重建] ：生成正方形曲面前对曲线进行重建。这在一定程度上可以提高曲线的参数化功能。

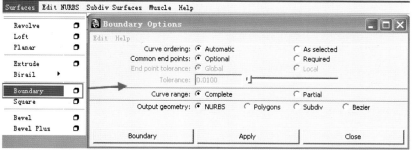

图1-4-25

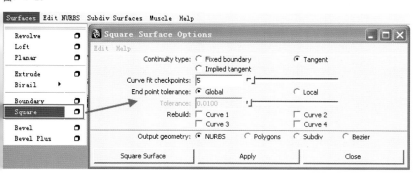

图1-4-28

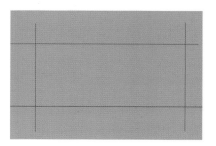

图1-4-26

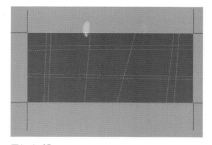

图1-4-27

8.Bevele [倒角]

可以对曲线创建倒角效果，创建的倒角曲面中包括挤出面和倒角，默认设置下形成的曲面，其挤压出面和倒角面是一个整体，可以通过Bevel [倒角] 参数设置，得到分开的挤压出面和倒角面，在不同模型上指定不同效果的材质。

使用Surfaces/Bevel可以通过任意曲线生成一个带有倒角的拉伸曲面，这些曲线包括自由曲线、曲面曲线、等位结构线、剪切边界线和文本曲线的剪切边。如当在建筑物上创建壁架，或者在装饰椅上滚边时，都需要创建倒角。

使用Bevele [倒角] 的操作方法

（1）选择Create [创建] ／ Text [文本] 命令，创建文字曲线。可以在Text命令选项设置文本内容、字体、字体大小和输出类型，然后单击Create按钮创建曲线路径。如图1-4-29所示。

（2）选择Surfaces/Bevel命令，对等位结构线进行倒角处理。如图1-4-30所示。

设置Bevele [倒角] 选项

选取Surfaces/Bevel，打开选项窗口。如图1-4-31所示。

Attach Surfaces [合并曲面]：如果Attach Surfaces项处于打开状态，系统将连接倒角曲面的每一部分，如果Attach Surfaces项处于关闭状态，倒角曲面将不会被连接起来。

Bevel [倒角]：有4种选项，用于设置倒角位置，是否生成倒角曲面。指定原始曲线是位于倒角曲面的顶部、底部还是中部。

Top Side [顶边]：在圆环顶部生成倒角。

Bottom Side [底边]：在圆环底部生成倒角。

Both [两边]：在圆环的顶部和底部都生成倒角。

Off [无]：仅创建倒角曲面的挤压部分，不创建倒角曲面。选择该选项，禁用倒角选项控制 [Width、Depth、Corners和Cap Edge] 。这样可以利用Bevel进行简单的拉伸。

Bevel Width [倒角宽度]：用来设置倒角的宽度。

Bevel Depth [倒角深度]：设置曲面倒角部分的深度。将Bevel Width和Bevel Depth联合起来可以设置倒角的角度。

Extrude Height [挤压高度]：设置曲面挤压部分的高度，不包括倒角的区域。

Bevel Corners [倒角]：设置倒角的处理方式，形成倒角曲面的折角形态。如果曲线是1次或2次，那么倒角就被设置为3次。有两种方式：分别为Straight [直型] 和Circular Arcs [圆弧形] 。

Bevel Cap Edge [倒角盖边]：用于设定倒角部分的形状。有3种类型，分别是Convex [凸型] 、Concave [凹型] 和Straight [直型]

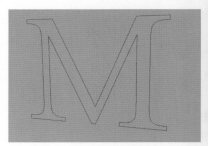

图1-4-29

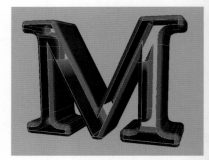

图1-4-30

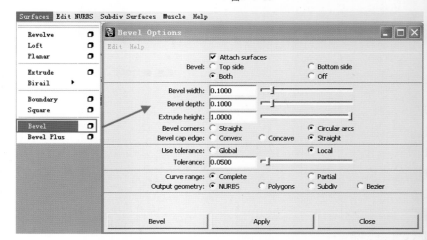

图1-4-31

9.Bevel Plus建立倒角

Bevel Plus是曲面创建工具，不仅可以产生挤出面和倒角面，还可以在倒角面处产生截面将曲面盖住，在创建实心字和Logo时非常有用，与Surfaces/Bevel操作十分相似。

Bevel Plus还具有一些与Surfaces/Bevel命令不相同的功能：

创建一个完整的、在倒角的两端都有盖的实体曲面。在对曲面进行变形操作时，曲面不会断开，这一点对制作飞行徽标尤其有用。它提供了多种倒角形状，在对多边形进行镶嵌时，可为曲面拓扑提供更多的控制。

使用Bevel Plus的操作方法

（1）创建或输入一个闭合曲线，例如，使用Create/Text。

（2）选取一个单一曲线。或可为文字制作外部和内部曲线，首先选择外部曲线，然后再选择内部曲线。如图1-4-32所示。

（3）选择Surfaces/Bevel Plus命令，如图1-4-33所示。

设置Bevel Plus选项

选取Surfaces/Bevel Plus 打开选项窗口，在Bevel Plus参数设置窗口中有两个标签，如图1-4-34所示。一个是由设置倒角模型的形状效果，另一个是Output Options用于倒角模型的输出设置，如倒角输出是NURBS模型还是Polygons模型。

Attach Surfaces ［合并曲面］：当Attach Surfaces开启时，Maya将会把倒角区域和拉伸区域连接起来以创建一个整体NURBS曲面。当它关闭时，Mata将创建相互独立的NURBS曲面。关闭Attach Surfaces选项后，可以将不同的材质应用于倒角区域，这样可以更容易地获得多种效果。

Create Bevel ［创建倒角］:控制倒角模型的生成位置，At Start 倒角模型的生成位置在前面，At End 倒角模型的生成位置在后面。

Bevel Width ［倒角宽度］:指定倒角区域的宽度。

Bevel Depth ［倒角深度］:指定倒角区域的深度。

Extrude Distance ［挤出距离］:设置挤出面的长度大小，倒角区域除外。

Create Cap ［创建盖］:At Start和At End用于控制生成倒角模型的前后是否产生截面。

Outer Bevel Style和Inner Bevel Style:用于控制各种倒角曲面的形状效果。

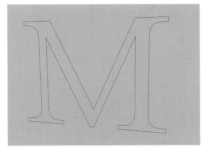

图1-4-32

图1-4-33

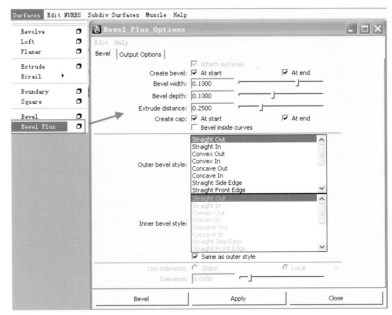

图1-4-34

第五节 ////// Edit NURBS [编辑NURBS曲面]

生成的曲面需要进一步编辑和修改，调整模型增加细节，可以通过Edit NURBS菜单对曲面进行各种编辑操作，如Trim Tool [剪切工具]、Booleans [布尔运算]、Attach Surfaces [并和曲面]、Detach Surfaces [断开曲面]、Open/Close Surfaces [开放/封闭曲面]、Insert Isoparms [插入等参线]、Rebuild Surfaces [重建曲面]、Surface Fillet [曲面倒角]、Stitch [缝合]、Sculpt Surfaces Tool [雕刻曲面工具] 等。

1.Duplicate NURBS Patches [复制NURBS面片]

使用Duplicate NURBS Patches [复制NURBS面片] 命令，可以将曲面模型的Surface Patch [曲面面片] 进行复制，形成独立物体。

Duplicate NURBS Patches [复制NURBS面片] 的操作方法

（1）选择面片

在曲面处于激活状态下，用鼠标右键对其进行单击，并从标记菜单中选择Surface Patch [曲面面片]。然后选择面片中心。如图1-5-1所示。

（2）选择Edit NURBS/Duplicate NURBS Patches，操作完成。

设置Duplicate NURBS Patches [复制NURBS面片] 选项

选择Edit NURBS/Duplicate NURBS Patches，打开选项窗口。

Group with Original [与原始曲面建组]：勾选此项，复制的曲面作为原始物体的子物体，反之复制的物体被放在根基目录下 [可以在大纲窗口中观察]。

2.Project Curve on Surface [投射曲线到曲面]

使用Project Curve on Surface [投射曲线到曲面] 命令可以将曲线通过一个制订角度投射到曲面上，形成曲面曲线，生成的曲面曲线可以对曲面做剪切操作。

使用Project Curve on Surface [投射曲线到曲面] 的操作方法

（1）执行NURBS Primitives/Cylinder命令，在场景中创建一个圆柱，执行NURBS Primitives/Circle命令创建一个圆环。

（2）对圆环进行移动、缩放、旋转调整，把曲面放到圆柱曲面前。

（3）先选择圆环，然后按住Shift键加选圆柱曲面，执行Edit NURBS/Project Curve on Surface [投射曲线到曲面]，在圆柱曲面上产生圆环曲面。如图1-5-2所示。

设置Project Curve on Surface [投射曲线到曲面] 选项

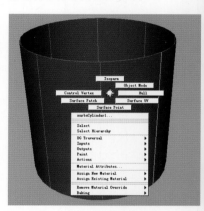

图1-5-1

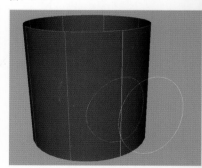

图1-5-2

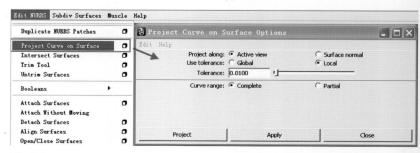

图1-5-3

选取Edit NURBS/Project Curve on Surface，打开选项窗口。如图1-5-3所示。

Project Along [投射方式]：用于设置用何种方式投射到曲面上，分为有两种方式。

Active View [当前视图]：使视图沿当前视图法线方向投射。

Surface Normal [曲面法线]：不会根据激活视图来决定投射曲面的角度，而是根据曲面法线来决定曲线投射的形状。

3. Intersect Surfaces [相交曲面]

使用Intersect Surfaces [相交曲面] 命令可以使一个曲面与另一个曲面相交生成一个公共的相交曲线，这种方法经常配合Trim Tool [剪切工具]，删除交叉曲面的多余部分，相交曲面求出曲面曲线，通过Trim Tool [剪切工具] 剪切多余面。

使用Intersect Surfaces [相交曲面] 的操作方法

（1）创建一个球体和一个曲面。

（2）选择两个要相交的曲面。

（3）执行Edit NURBS/Intersect Surfaces命令，创建一条修剪曲线。如图1-5-4所示。

（4）现在可以使用Trim Tool [Edit NURBS/Trim Tool] 剪掉球体的上部或是下部。在需要保留的那部分点击。如图1-5-5所示。 选择Edit [编辑] /Delete [删除] /Delete

by Type [删除类型] /Delete History [删除历史记录]。操作完成。

设置Intersect Surfaces [相交曲面] 选项

选取Edit NURBS/Intersect Surfaces，打开选项窗口。如图1-5-6所示。

Create curve for [生成曲线于] 用于设置相交曲面的生成位置，有两种类型。

First surfaces [第一个曲面]：在第一个选择的曲面上生成相交曲线。

Both surfaces [两个曲面]：在两个曲面上均生成相交曲线。这是默认选项。

Curve Type [曲面类型]：此项用于设置生成相交曲面的类型。

Curve on surface [曲面曲线] 创建曲面上的曲线作为相交曲线。这是默认设置。

3D world [三维世界] 得到独

立的相交曲线。它表示该曲线不是曲面上的曲线，而且不能被用于修剪曲面。

4. Trim Tool [剪切工具]

使用Trim Tool 可以根据曲面曲线对曲面作剪切操作。用户可以在某个特定区域控制曲面保留或者删除的部分。

通过Edit NURBS/Surface Fillet [编辑区面/曲面倒角] 命令，为曲面长生倒角的同时，在倒角处生成曲面曲线。

使用Trim Tool [剪切工具] 的操作方法

（1）使用Trim Tool [剪切工具] 要求NURBS曲面上必须有曲面曲线，先选择需要剪切的曲面。

（2）执行Edit NURBS/Trim Tool [编辑曲面/剪切工具] 命令，这时选择的模型曲面呈现白色虚线线框显示状态。

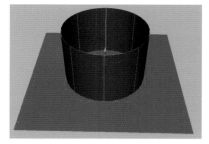

图1-5-4

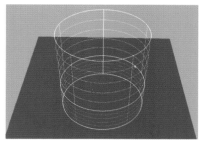

图1-5-5

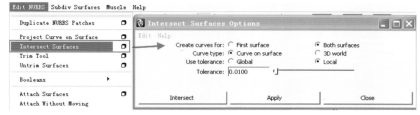

图1-5-6

（3）点击曲面要保留的部分，如果曲面比较复杂可以点击多次，选择不同的保留区域，按下Enter [回车]键，完成剪切计算。

设置Trim Tool [剪切工具]选项

选取Edit NURBS/Trim Tool，打开选项。如图1-5-7。

Selected state [选择部分状态]：设置在视图中被指定的选择区域是Keep [保留]还是Discard [去除]。

Shrink surface 选择该项，选取面将会缩小到刚好覆盖保留区域的大小。

Fitting Tolerance 剪切曲面时，要设置剪切工具所用的曲面曲线的形状。

5.Untrim Surfaces [还原剪切曲面]

Untrim Surfaces [还原剪切曲面]命令可以还原被剪切过的曲面，如果曲面经过多次剪切，可以逐步进行还原，也可以一次还原到最初始的状态。如果在剪切曲面时，在剪切命令选择窗口中勾选了Shrink surface [收缩曲面]选项，

且剪切操作无法还原。

Untrim Surfaces [还原剪切曲面]的操作方法

（1）选择要还原剪切操作的曲面。

（2）执行Edit NURBS/Untrim Surfaces [编辑曲面/还原剪切曲面]命令，还原曲面的剪切操作。

6.Booleans [布尔运算]

对两个相交的NURBS曲面通过结合、相减或相交两个或多个物体创建新物体。相当于对曲面做多次相交曲面和剪切曲面的操作。

Booleans [布尔运算]菜单下有3个布尔运算，分别是Union [结合]、Subtract Tool [相减]和Intersect Tool [相交]，它们的使用方法都一样。

Booleans [布尔运算]的操作方法

（1）创建两个任意两个NURBS曲面，并且两个曲面物体正确相交两个曲面完全相交，如果没有完全相交，布尔运算不能进行操作。

（2）选择Edit NURBS/Boolean,选择Union、Subtract 或

Intersect。

（3）单击第一个曲面并按Enter键。然后，选择第二个曲面并按下Enter键。除了Subtract工具外，选择的顺序不会影响操作结果。Subtract保留的是第一个选择的物体的形状。

（4）布尔运算结束后，形成的曲面会形成一个NURBS物体组，选择组在通道栏中单击Operationde 框更改布尔运算的类型。将得到不同的结果。如图1-5-8所示。

完成布尔运算后，要调整生成曲面的形状，选择其中一个的初始对象（可以使用Outline），并对其进行移动、旋转或缩放。在变化

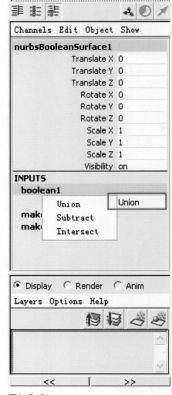

图1-5-8

图1-5-7

原始对象时，Maya会更新布尔运算的结果。

布尔运算对法线方向非常敏感，如果发现布尔运算的结果不正常，选择Dipaly/NURBS Components/Normals [显示/BURBS组元/法线] 显示曲面的法线方向，检查法线是否正确；如果不正确，选择Edit NURBS/Reverse Surface Direction [编辑曲面/反转曲面法线方向]。

7. Attach Surfaces [合并曲面]

将两个曲面连接在一起的方法创建一个新的曲面。也可以在两个曲面上选择Isoparm [等位结构线]，指定位置进行合并。选择的先后顺序决定曲面被合并的形态。

Attach Surfaces [合并曲面] 的操作方法

（1）依次选择两个NURBS曲面。

（2）执行Edit NURBS/Attach Surfaces [编辑曲面/合并曲面] 命令，合并曲面。

（3）如果在执行合并曲面命令后，发现没有按照所期望的曲面边界进行合并，这时可以撤销合并操作。选择两个物体进入Isoparm [等位结构线] 组元编辑模式，先选择第一个曲面的Isoparm [等位结构线]，按Shift键加选第二个曲面的Isoparm [等位结构线]，定义合并曲面的边界位置。

（4）执行Edit NURBS/Attach Surfaces [编辑曲面] 合并曲面命令，在指定Isoparm [等位结构线] 的位置合并曲面。

（5）最后还可以在通道栏Inputs [输入] 项目中调节相应的参数值，修改曲面合并结果。

设置Attach Surfaces [合并曲面] 选项

选取Edit NURBS/Attach Surfaces，打开选项，如图1-5-9所示。

Attach method [结合方式] 有两种不同的结合方式。

Connect [连接] 连接选择面，不改变原始曲面状态。

Blend [融合] 创建与原始曲面相连的连续效果，会在曲面之间产生连续光滑的过渡效果。

Multiple knots [符合结构点] 控制在曲面结合处，是否保留复合结构点。

Keep [保持] 用于连接点保留创建的节，这是系统默认的设置。

Remove [去除] 可移除多个节。如果需要的话，曲面的形状可被改变。

Blend bias [融合偏移] 改变新面的连续性，设置曲面再合并是变形的倾向位置。[合并位置是偏左还是偏右] 可以在通道栏中调节。

Insert knot [插入结构点] 在曲面的合并区域插入两条Isoparm [等位结构线] 会使合并后的曲面更加光滑。

Insert parameter [插入参数] 设置插入Isoparm [等位结构线] 的位置。

8. Detach Surfaces [分离曲面]

使用Detach Surfaces [分离曲面] 命令可以在曲面上根据制订Isoparm [等位结构线] 位置将曲面断开，形成几个独立曲面。

使用Detach Surfaces [分离曲面] 的操作方法

（1）选择NURBS曲面，按鼠标右键进入Isoparm [等位结构线] 组元编辑模式。

（2）选择一条或多条Isoparm [等位结构线]。

（3）执行Edit NURBS/Detach Surfaces [编辑曲面/分离曲面] 命令，将曲面断开。

9. Align Surfaces [对齐曲面]

Align Surfaces [对齐曲面] 命令可以将两个曲面沿指定的边界位置对接并在对起初保持曲面之间的连续性，形成无缝对齐效果。

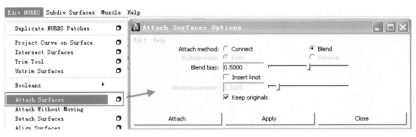

图1-5-9

Align Surfaces [对齐曲面] 命令可以直接对两个曲面进行对齐，也可以指定边界进行对齐。

使用Align Surfaces [对齐曲面] 的操作方法

Align Surfaces [对齐曲面] 命令只能在两个曲面的边界的Isoparm [等位结构线] 上对齐曲面。如果需要将曲面对齐到剪切边界上，可以通过内部等参线对齐。

(1) 配合Shift键选择两个曲面。

(2) 点击右键进入Isoparm [等位结构线] 编辑模式，配合Shift键，分别选定各自边界的Isoparm [等位结构线] ，定义曲面之间的位置。

(3) 执行Edit NURBS/Align Surfaces [编辑曲面/对齐曲面] 命令，或者打开Align Surfaces [对齐曲面] 命令的选项设置窗口，进行设置，再按Apply按钮执行曲面对齐。

使用Align Surfaces [对齐曲面] 命令的限制

(1) 不能对齐闭合曲面。

(2) 曲线与曲面不能对齐。

(3) 不能把曲面进行自身对齐。

对齐剪切边界

不能对齐剪切边，只能对齐曲面的等位结构线。如果一个正常的曲面和剪切曲面进行对齐，Align Surfaces将使用剪切曲面剪切前的边界作为对齐依据。

(1) 在未剪切的曲面的边上选择一条Isoparm [等位结构线] ，然后按Shift键在另一曲面的剪切边附近选择另一条等位结构线。

(2) 执行Edit NURBS/Align Surfaces [对齐曲面] ，如果有必要，在通道栏中点击调整Joint Parameter [连接参数] 。

设置Align Surfaces [对齐曲面] 选项

选择Edit NURBS/Align Surfaces，打开选项。

Attach：若要合并对齐曲面可选择Attach，效果类似于Attach Surfaces [合并曲面] 命令。

Multiple Konts：当连接物体时，会生成多个节。选择Keep，可以保留这些节。连接执行时，可选择Remove项移去尽可能多的节，但不改变物体的形状。

10. Open/Close Surfaces [打开/关闭曲面]

打开一个闭合的周期性曲面，或者将开放的或闭合的曲面改为周期曲面。

使用Open/Close Surfaces的操作方法：

(1) 执行NURBS Primitives/Sphere命令，在场景中创建一个NURBS球体。

(2) 选择球体，执行Edit NURBS/Open/Close Surfaces [开放/封闭曲面] 命令，或者打开命令选项设置窗口，设置要打开曲面的方向，按Apply按钮开放选择的球体。

(3) 再次按Apply按钮执行命令，会将选择的球体重新闭合。

设置Open/Close Surfaces选项

选取Edit NURBS/Open/Close Surfaces，打开选项，如图1-5-10所示。

Surface direction [曲面方向] 设置哪个方向开放或者封闭曲面，有三种类型。分别是U、V和Both [各方面同时操作] 。

Shape [图形] 设置开放/封闭后曲面的形状变化。

Ignore [忽略] 不考虑曲面的形状变化。直接在其实点出开放或封闭曲面。

Preserve [保护] 尽量保护开口处两侧曲面的形态不发生变化，是默认设置。

Blend [融合] 尽量使封闭处的曲面保持光滑连续，但会大幅度地改变曲面形状。

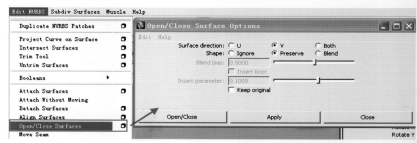

图1-5-10

11.Move Seam [移动曲面接合处]

移动周期曲面的接合处，以便文件纹理可以在曲面上的不同部位保持连续。

Move Seam [移动曲面接合处] 的操作方法

选择在曲面上定义转移接缝的位置，选择曲面上的Isoparm [等位结构线]，执行Edit NURBS/Move Seam。

Insert Isoparms [插入等位结构线]

在曲面上添加等位结构线，在不改变曲面形状的情况下，在指定位置添加Isoparm [等位结构线]，增加曲面的细分段数，以便按需要对曲面进行调整。

使用Insert Isoparms [插入等位结构线] 的操作方法

（1）选择并拖拽一个现有的等位结构线，以便按需要对曲面进行编辑。

（2）使用Edit NURBS/Insert Isoparms命令以增加新的等位结构线。

设置Insert Isoparms选项

选择Edit NURBS/Insert Isoparms，打开选项窗口。如图1-5-11所示。

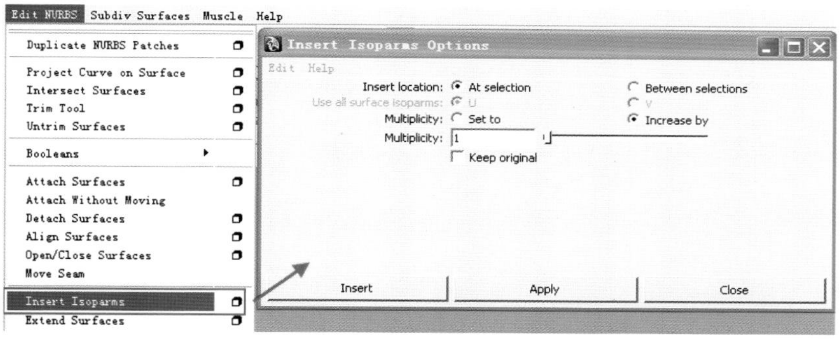

Insert location At selection [选择处]：可以在当前位置创建等位结构线。

Between selections [在选对象间]：可以在选择的等位结构线间或所有的U、V等位结构线间创建等位结构线。

Use all surface IsoparmsIsoparms：

开启Use all surface选项的U或V。U会在所有的U方向等位结构线间创建等位线。V则会在所有的V方向等位结构线间创建等位结构线。

Multiplicity：可以在指定的位置插入多条等位结构线。新的等位结构线不会改变曲面的形状。

Set to：根据Multiplicity的参数值，插入指定数目的等位结构线。

Increase by：根据Multiplicity参数值，在指定位置添加额外数目的等位结构线。

12.Extend Surfaces [扩展曲面]

扩展曲面的一个或多个边，扩展曲面对修剪曲面无效。

使用Extend Surfaces [扩展曲面] 的操作方法

（1）选择要延伸的曲面。

（2）选择Edit NURBS/Extend Surfaces [编辑曲面/扩展曲面] 命令，或打开选项设置窗口进行参数设置，按Apply按钮扩展曲面。

设置Extend Surfaces选项

选择Edit Nurbs/Extend Surfaces，打开选项窗口。如图1-5-12。

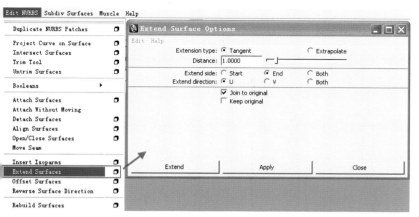

图1-5-11

图1-5-12

Extension Type Tangent [切线]：向扩展曲面中添加新的等位结构线。

Extrapolate [外插法]：根据设置的方向和距离，重建曲面，但不添加新等位结构线。

Distance：设置扩展的长度。

Extend Side：设置要扩展的边，起始位置是曲面上的U0和V0。

Extend Direction：设置扩展曲面的U、V方向。

13.Offset Surfaces [偏移曲面]

可以创建平行的复制曲面，复制曲面根据曲面法线以一定的量与原曲面发生偏移。偏移曲面操作可以作用于包括修剪曲面在内的大多数曲面。

Offset Surfaces [偏移曲面] 的操作方法

（1）选择要偏移的曲面。

（2）执行Edit NURBS/Offset Surfaces [编辑曲面/偏移曲面]，创建要偏移的曲面。

设置Offset Surfaces [偏移曲面] 选项

选择Edit NURBS/Offset Surfaces，打开选项，如图1—5—13所示。

Method [方式]：设置两种不同的偏移方式。

Surface fit [曲面适配]：创建的偏移曲面与原曲面的曲率相同。

CV fit [控制点适配]：创建的偏移曲面保持了CV沿其法线方向的位置偏移。

Offeset Distance [控制点适配]：设置曲面的偏移距离大小。

14.Reverse Surface Direction [反转曲面方向]

反转NURBS曲面的方向和法线。

反转曲面法线方向操作方法：

（1）曲面必须处于激活状态。

选择Display/NURBS Compoents/CVs可以显示曲面CV，观察曲面的方向。

（2）选择Edit NURBS/Reverse Surface Direction命令。在默认状态下，该操作将沿U参数方向反转曲面法线。

（3）当以特定方向反转曲面时，需要选择这条等位结构线反转曲面。

设置Reverse Surface Direction 选项

选择Edit NURBS/Reverse Surface Direction，打开选项窗口。如图1—5—14所示。

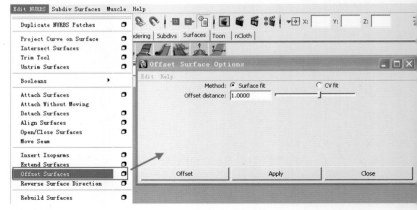

图1—5—13

图1—5—14

Surface Direction [曲面方向]：设置曲面的反转方向，有4种类型。

U：沿着U方向反转CV，U是系统默认的曲面方向。

V：沿着V方向反转CV。

Swap [交换]：交换U和V的参数值，再次选择同一方向的项目会恢复原CV序列。

Both [两者]：可以在U和V参数方向上同时反转CV和法线。

15.Rebuild Surfaces [重建曲面]

当进行了一系列的建模操作后，曲面有时会变得相当复杂，这样处理起来速度会很慢。减少曲面的面片数或次数，也可以增加曲面的面片数和次数，以便对曲面的形状进行更好的控制。

使用Rebuild Surfaces [重建曲面] 的操作方法

选择需要重建的曲面，然后选择Edit NURBS/Rebuild Surfaces命令，操作完成。

设置Rebuild Surfaces选项

选择Edit NURBS/Rebuild Surfaces，打开选项窗口。如图1-5-15所示。

Rebuild type [重建类型]：根据所选的重建类型的不同，重建曲面选项窗口显示不同的选项。

Uniform [均匀]：重建具有均匀的曲面。

Reduce [精简]：在所选择的节以大于Tolerance设置的距离移动时，Maya方才移动节。公差的参数值越高，越可以引起更多节的移动。

Match knots [匹配结构点]：创建与另一曲面的曲线次数、节值、横向跨度数和纵向横截面数相匹配的曲面。

No multiple knots [无复合结构点] 在重建曲面的操作过程中，删除所有附加的节。生成的曲面与原始曲面的曲线次数相同。

Non-rational [无理]：将有理曲面重建为无理曲面。有理曲面上CV的权重不都等于1，无理曲面

的CV的权重为1，结果曲面与原曲面有相同的次数。

End conditions [末点状态]：重建曲面末端CV和节的位置。

Trim convert [剪切转化]：将一个单一的修剪曲面区域 [有四条边界曲线] 重建为无修剪的曲面。

Bezier [贝塞尔]：将曲面重建为Bezier曲面。如果不想用NURBS曲面，而想用Bezier曲面，可以用此选项完成曲面的转换。

Parameter range [参数范围]：设置重建曲面后UV参数范围，有3种方式。

0 to 1：将UV参数值的范围定义为0—1。

Keep [保留]：重建后的曲面，UV方向的参数范围不变，保留原始范围值。

0 to #spans [0至段数]：重建曲面后，设置UV方向的范围值是0到段数。

Direction [方向]：设置曲面的重建方向。

U、V和U and V决定了曲面的参数方向。

Keep [保留]：重建曲面会在3d空间中改变曲面。

Corners [边角]：保证重建曲面和原曲面在3d空间中具有一致的边角。

CVs [控制点]：保持原始曲面的控制点数目不变。

NumSpans [段数]：保持重建曲面与原始曲面的横向跨度数不变。

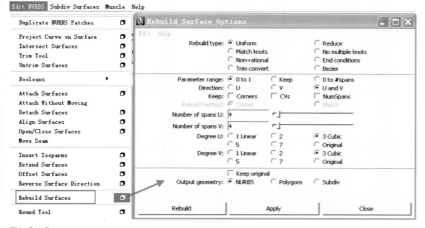

图1-5-15

Number of spans U/V [UV向段数]：设置重建曲面后U和V方向上的度数。

Degree U/V [UV度数]：设置重建曲面后U和V方向上的度数。

16.Round Tool [倒圆角工具]

使用Edit NURBS/Round Tool命令可以对NURBS曲面的共享角和共享边进行倒圆角操作。可以设置每对边的倒角半径，边可以是曲面边或修剪边。

使用Round Tool [倒圆角工具] 的操作方法

（1）执行Edit NURBS/Round Tool命令，框选需要倒角曲面的边界线，在画面的边界位置会出现一个黄色的半径操作器，显示要创建的倒角半径，左右拖动鼠标来控制圆角的半径大小，如图1-5-16。

（2）按下Enter [回车] 键，倒圆角完成。如图1-5-17所示。如果操作的模型比较复杂，需要多次进行倒角，可以不按Enter [回车] 键，记得框选需要倒圆角的边界，按下BackSpace [退格] 键可以取消上一次操作，最后按Enter [回车] 键倒圆角操作完成。倒角创建完毕后，可以通过通道栏或属性编辑器编辑半径。

注意：当相交曲面间的夹角接近90度时，半径操纵器与倒角轮廓相近似。

重叠的半径会得到意想不到的结果，当曲面倒角自身相交叉时，会引起倒圆角操作失败。如果两曲面间的夹角小于15度或大于165度，产生的倒角可能不正确。边必须是独立曲面的边，如果边有不同的长度，则只会为短边创建倒角。不能用倒圆角工具作用于多个角。例如，可以使倒圆角工具作用于立方体上所有的边，但不能使其作用于角锥的顶点，因为此处是汇集了多条边。而且当倒角开始自身相交时，尖锐的角会导致操作失败。

在退出工具前，如果要删除一对选中的边，按下Backspace键即可。

设置Round Tool [倒圆角工具] 选项

选择Edit NURBS>Round Tool，打开选项窗口。如图1-5-18。

Radius [半径]：设置倒角半径。

Override:自定义参数设置。

17.Surface Fillet [对曲面进行倒角操作]

曲面进行倒角以创建一个带有倒角边或混合边，让曲面之间创建光滑的过渡，圆角可以为模型增加更多的细节，在材质灯光制作时显得非常重要。倒角分为三种类型：Circular Fillet [环形倒角]、Freeform Fillet [自由倒角] 和Fillet Blend Tool [混合倒角工具]。

Circular Fillet [环形倒角]

在两个相交曲面的交叉位置

图1-5-16

图1-5-17

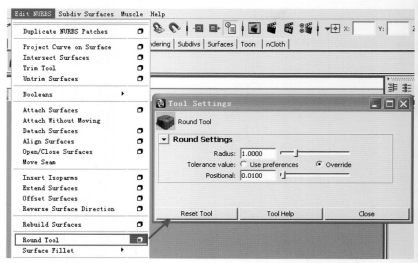

图1-5-18

产生环形圆角曲面，形成平滑的转折。可以结合剪切工具来删除曲面的多余部分。

创建Cirular Fillet [环形倒角] 的操作方法

（1）创建并缩放NURBS平面基本几何体，然后创建并缩放一个NURBS圆柱基本几何体。在默认状态下，圆柱体将在原点创建，请注意它是如何与平面相匹配的。如图1-5-19所示。

（2）要在圆柱体和平面相交的地方创建圆形倒角，请选择平面和圆柱体，然后选择Edit NURBS/Surface Fillet/Circular Fillet。 如图1-5-20所示。

设置Circular Fillet选项

选择Edit NURBS/Circular Fillet，打开选项窗口。如图1-5-21所示。

Create curve on surface [创建曲面曲线]：开启此选项后，在曲面进行环形倒角创建的同时会创建曲面上的曲线，曲线放置在曲面上与倒角相交的地方。在默认状态下，此选项处于关闭状态。如果我们要使用Trim Tool [剪切工具] 剪切多余的部分，就需要打开此项。

使用倒角修剪曲线来修剪曲面

（1）在执行环形倒角之前，在设置选项中选中Create Curve On Surface。

（2）选择两个曲面，并单击Fillet按钮。当创建环形倒角时，

修剪曲线 [或曲面上的曲线] 也会被显示出来。如图1-5-22所示，紫色显示的线。

（3）取消两个曲面的选择。

（4）选择Edit NURBS/Trim Tool，并单击用户要保留的曲面区域。倒角将从曲面上被修剪下来。

再次取消曲面的选择，并使用Trim Tool修剪另一曲面上的曲线。如图1-5-23所示。

Reverse Primary Surface Normal [反转首选曲面法线]：反转第一次选择的曲面法线的方向。

Reverse secondary Surface

图1-5-19

图1-5-22

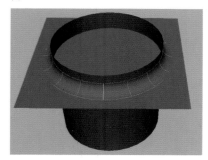
图1-5-20

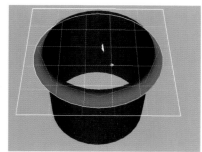
图1-5-23

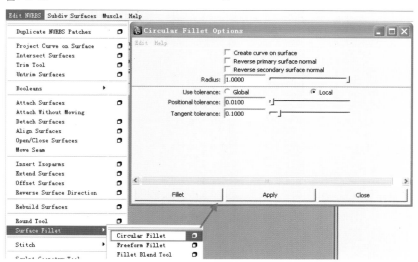
图1-5-21

Normal［反转次选曲面法线］：反转第二次选择的曲面法线方向。

在默认设置中，曲面的圆角方向是两个曲面之间的法线朝向的夹角，改变两个曲面的法线方向，圆角方向也会改变。圆角创建完成后，还可以在通道栏或属性编辑器中修改参数值来改变圆角的方向和大小。

法线显示可以执行Display［显示］/NURBS/Normal (shaded mode) 命令。反之，如果需要取消法线显示，也是执行该命令。如图1-5-24。

Radius［半径］：设置圆角半径的大小。

创建自由倒角

使用Edit NURBS/Surface Fillet/Freeform Fillet命令，可以

在一个或两个曲面之间，通过指定的Isoparm［等位结构线］位置产生自由圆角曲面，曲面之间不必相交，选择两个曲面上的曲线、两个曲面等位结构线或修剪边之间都可以创建圆角。

在两条等位结构线之间创建自由倒角的操作：

选择用于创建自由倒角的两条Isoparm［等位结构线］，然后执行Edit NURBS/Surface Fillet/Freeform Fillet命令。如图1-5-25所示。

在曲面上的曲线间创建自由倒角

选择曲面上的曲线，然后选择Edit NURBS/Surface Fillet/Freeform Fillet命令。如图1-5-26所示。

选择Isoparm［等位结构线］，产生自由圆角曲面，可以通过通道栏、属性编辑器或使用操纵器来调节圆角结果。

设置Freeform Fillet选项

选择Edit NURBS/Surface Fillet/Freeform Fillet，打开选项窗口。如图1-5-27所示。

Bias［偏移］：调整圆角曲面的切线偏移。

Depth［深度］：控制圆角曲面的曲率。

创建混合倒角曲面

选择Edit NURBS/Surface Fillet/Fillet Blend Tool，在曲面上选择Isoparm［等位结构线］、曲面曲线或剪切边界线来定义圆角位置创建一个过渡圆角曲面。使用此工具可以使动物四肢和躯干间进行平滑连接。

创建混合曲面的示例

（1）创建一个球体和圆锥体，并使锥体的底部面对球体。如图1-5-28所示。

（2）取消两曲面的选择，选择Edit NURBS/Surface Fillet/

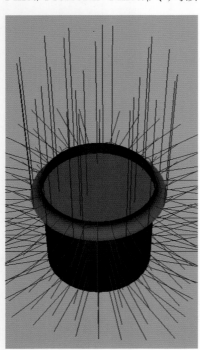

图1-5-24

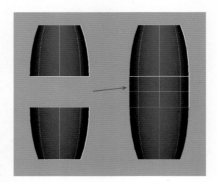

图1-5-25

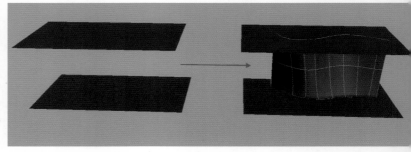

图1-5-26

Fillet Blend Tool。

（3）在侧视图中，单击第一条曲面等位线，并按下Enter键。如图1-5-28所示。

（4）单击第二条曲面等位线，并按下Enter键创建混合倒角。如图1-5-28所示。

（5）如果有需要，在按下Enter键前，拖拽等位结构线，重新定位并创建混合倒角。

（6）当将等位结构线放置在合适的位置后，按下Shift键，单击原等位结构线，取消选择。最后对形体进行调整。

在使用混合圆角工具创建圆角曲面时，如果发现曲面扭曲现象时，可能是曲面的法线方向不一致，这时可以执行Reverse Surface Direction［反转曲面方向］命令反转曲面方向，解除曲面的扭曲状态。操作完成后，可以使用操纵器编辑混合倒角。

设置Fillet Blend Tool选项

选择Edit NURBS/Surface Fillet/Fillet Blend Tool，打开选项窗口。如图1-5-29所示。

Auto Normal Dir［自动法线方向］：勾选此项，系统会自动设置混合曲面与原物体结合处的曲面法线方向。

Multiple Knots：当此选项处于开启状态时，Maya会在每个节的位置上创建多个节的混合曲面。

Reverse Normal［反转法线］反转法线方向。

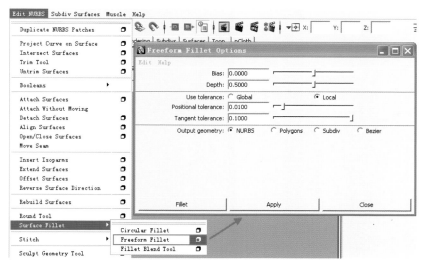

图1-5-27

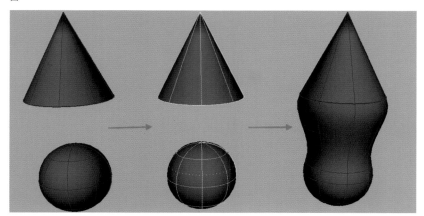

图1-5-28

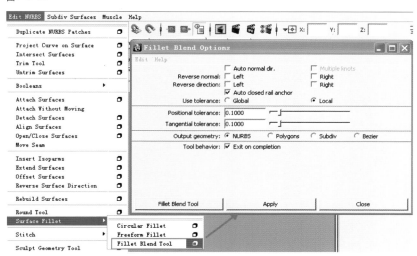

图1-5-29

Left [左]：反转首选曲面的法线方向。

Right [右]：反转次选曲面的法线方向。

Reverse Direction [反转方向]：如果关闭Auto Normal Dir [自动法线方向]，可以用此项来纠正不理想的混合曲面。

Auto Closed rail anchor [自动靠近轨道锚点]：当旋转原始曲面时，此选项可以防止两个封闭曲面之间混合曲面被扭曲。

18. Stich [缝合]

缝合多个分开的曲面，相互作用影响。Stich [缝合] 在NURBS面片建模时非常重要。

缝合菜单分为三种方式，主要根据缝合对象不同，它们分别如下：

Stich Surface Points [缝合曲面点]：将曲面上的点进行缝合，CV控制点和Surfece Point曲面点都可以使用点缝合命令。

Stitch Edges Tool [缝合边工具]：将曲面上的边进行缝合，只能用于Isoparm [等位结构线]，不能作用于剪切边。

Global Stitch [全局缝合]：将多个曲面进行缝合，产生光滑连续的曲面。

Stitch Surface Points [缝合曲面点]

使用Edit NURBS/Stitch/Stitch Surface Points命令，通过选择曲面点缝合NURBS曲面。可

以选择的曲面点包括：编辑点、CV和曲面边界线上的点。

使用曲面点缝合曲面的操作方法

（1）在曲面上选择用户想缝合的点。

（2）选择按Shift键加选另一边要缝合的曲面上的点。

（3）选择Edit NURBS/Stitch/Stitch Surface Points命令。如图1-5-30所示。缝合CV点，缝合曲面点。

设置缝合曲面点选项

选择Edit NURBS/Stitch/Stitch Surface Point，打开选项窗口。如图1-5-31所示。

Assign Equal Weights [指定相等权重]：将使用一个平均

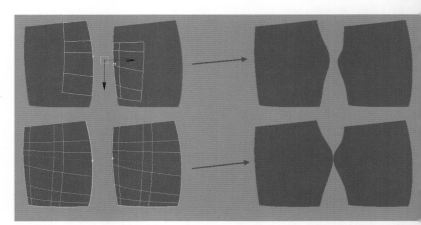

图1-5-30

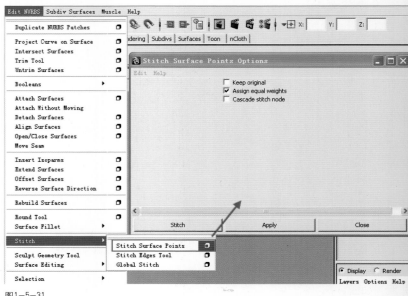

图1-5-31

NURBS Surface节点，在位置和法线方向上执行权重平均操作，分配曲面之间点的相等权重值，使它们在缝合后变动相同的位置。

Cascade Stitch Node [重叠缝合节点]：当Cascade Stitch Node处于开启状态，缝合操作将忽略曲面上以前曾有的缝合操作。

Stitch Edges Tool缝合边工具

选择Edit NURBS/Stitch Edges Tool,缝合或对齐两个NURBS曲面。用户可以使用交互式的方式进行缝合。

该功能可以将两个面缝合在一起，并保持其位置和切线的连续性。边缝合操作将修改CV边界行[列]的位置，而NURBS曲面上的第一行[列] CV可以实现位置和切线的连续性。

缝合曲面

（1）选择Edit NURBS/Stitch/Stitch Edges Tool [编辑曲面/缝合/缝合边工具]。

（2）先选择第一个曲面的边界线，再选择第二个曲面的边界线，这时两个曲面的边界产生缝合。所选的等位结构线必须是曲面边界的等位结构线，曲面边界等位结构线是用于定义曲面边缘的等位结构线。如图1-5-32所示。

（3）创建临时缝合曲面。在这里，可以在按下Enter键前，拖曳操纵器，编辑缝合曲面，以观察生成的曲面。

（4）按下Enter键，完成缝合曲面。如图1-5-33所示。

选择不同的边缝合的结果根据曲面边界选择次序的不同而不同，而这两条边被指定的权重是不同的。

设置Stich Edges Tool选项

选择Edit NURBS/Stich/Stich Edges Tool，打开选项窗口，如图1-5-34所示。

Stitch Edge Tool不会改变CV的数目。它可修改CV的位置，以尽可能提高位置连续性和切线连续性。

Blending [融合方式]：设置

曲面在缝合边时，缝合边界的效果有两种方式。

Position [位置]：用位置连续性缝合曲面。

Tangent [切线]：曲面缝合时，不仅让产生位置缝合，还可以在曲面之间产生切线连续性缝合曲面。

Weighting On Edge1/Edge2 [边缝合权重设置]：用于控制缝合边的权重变化。在默认状态下，首先选择的等位结构线的权重为1.0，第二条等位结构线的权重为0.0。

图1-5-32

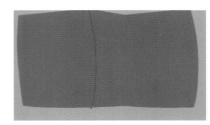

图1-5-33

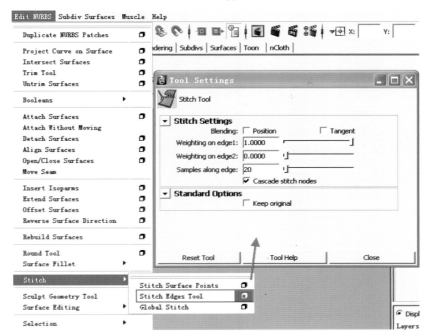

图1-5-34

Samples along edge ［边界采样］：用于控制在缝合边时边的采样精度。

Cascade Stitch Nodes

如果打开Cascade Stitch Nodes，缝合操作将忽略曲面上以前实施的任何缝合操作。如果关闭此选项，且已在曲面上执行了缝合操作，那么会在应用操作的缝合节点。此选项在默认状态下是打开的。

Bias：使用Bias参数值混合输入曲面和结果曲面间的CV。当参数值为0时，无效。

Fix Boundary：当Maya创建跨过所有4条边的切线连续性时，有可能会修改8个可控点的位置。这可能会引起位置的不连续性，为了避免发生这种情况。需打开Fix Boundary，保证这8个CV的位置不变。

Global Stitch ［全局缝合］

Maya的Global Stitch ［全局缝合］功能可以帮助用户缝合两个或两个以上的曲面。根据所使用的选项不同，生成的曲面有位置连续性、切线连续性或两种连续性都有。

Global Stitch 可以闭合相邻曲面的空隙，当变形时避免相邻的面发生分裂。例如人头等生物模型，由于NURBS面片只有4个边，不可能产生3边或5边以上的面，所以不能像Polygon ［多边形］建模那样制作复杂拓扑模型的同时，

还是一个整体。NURBS建模中为了避免曲面分裂，可使用Global Stitch ［全局缝合］创建出连续的不断裂的曲面，以面片的方式将NURBS模型一片一片地缝合在一起，面与面之间光滑过渡，形成一个整体。

应用Global Stitch比应用Stitch Edges Tool和Stitch Surface Points 容易。Global Stitch不用选择需要缝合的边，因为它仅缝合最近的边。应用Global Stitch的另一个优势是当缝合曲面后，可以在单个选项卡下，编辑所有的缝合属性。但是不能用Global Stitch 缝合修剪面的边。

使用Global Stitch ［全局缝合］的操作方法

（1）定位曲面边或角，使它们尽量紧密地接合，避免与其他曲面的角重合。如果有必要，可以使曲面法线的方向相反。如果连接曲面有空隙或不同的切线，那么缝合区域就会不平滑。

（2）选择要缝合的曲面。

（3）选择Edit NURBS/Stitch/Global Stitch,显示选项窗口。设置参数，按下Apply ［应用］按钮，对曲面进行全局缝合。

设置Global Stitch ［全局缝合］选项

Edit NURBS /Stitch / Global Stitch，打开选项窗口，如图1-5-35所示。

Stitch Corners ［缝合角点］：在曲面缝合时，设置边界上的端点有三种缝合方式。

Off ［不缝合端点］

Closest Point ［将端点缝合到最近的点上］

Closest Rnot：将端点缝合到最近的结构点上。

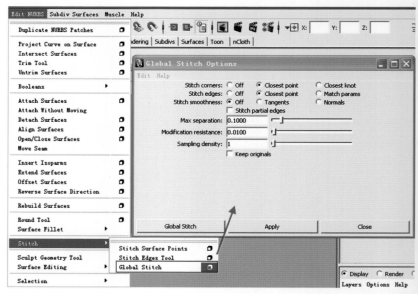

图1-5-35

Stitch Edges [缝合边]: 用于控制曲面边界的缝合效果，有三种方式。

Off:不缝合边

Closest Point: 用来缝合边上最近的点，而且不考虑两边间的参数化区别。

Match Params:根据曲面与曲面之间的段数一次对应，进行曲面缝合沿各个曲面的边有相同的UV增量，可以忽略横向跨度的数值。

Stitch smoothness [平滑缝合]:调节弯曲等位结构线，用于控制曲面缝合处的光滑效果，能够生成最好的连续性，有3种类型。

Off:关闭平滑，而且不保证边区域相切。

Tangents [切线]：曲面缝合的切线一致。

Normal [法线]:不要求切线垂直，曲面的法线一致，曲面将平滑连接。

Stitch Partial Edges [缝合局部边界]：勾选此选项保证曲面的连接和光滑，可以使曲面在允许的范围内，Maya将连接处于Max Separation [最大距离] 距离内的部分边。

Max Separation：设置要缝合时，边和角必须接近的程度。

Modification Resistance

设置档缝合曲面时，曲面CV保持它们的位置的能力。增加此参数值会使缝合曲面度的平滑。

Sampling Density

在缝合过程中，设置沿每条边取样的点数。增加Sampling Density的参数值，可以提高匹配程度，但会减慢缝合过程。

19.Sculpt Geometry Tool [几何体雕刻工具]

Sculpt Geometry Tool [几何体雕刻工具] 专门用于几何体雕刻。包括NURBS、多边形、细分模型。雕刻工具使用笔刷在曲面上进行绘画雕刻，快速地改变曲面形状。使用Sculpt Surfaces Tool可以执行四种雕刻操作:Push [推]、Pull [拉]、Smooth [平滑]、Erase [擦除]。

Sculpt Geometry Tool [几何体雕刻工具] 的操作方法

Sculpt Geometry Tool [几何体雕刻工具] 使用非常简单，先选择几何体，在选择Edit NURBS/Sculpt Geometry tool时，设置不同的雕刻方式、笔刷大小、绘制强度等，在曲面上进行绘画，得到理想的雕刻效果。

设置Sculpt Geometry Tool [几何体雕刻工具] 的选项

在雕刻曲面前，选择Edit NURBS/Sculpt Geometry Tool，显示Tool。

Setting窗口，如图1-5-36。可以定义下列工具设置:

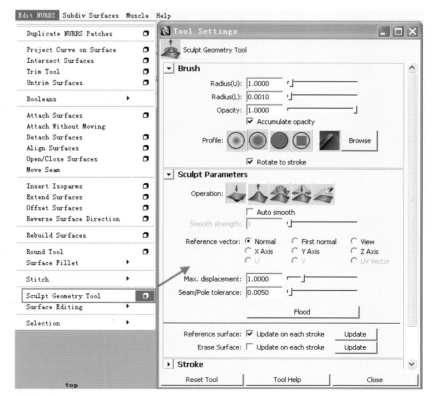

图1-5-36

笔刷图章轮廓 [Brush Stamp Profile]

雕刻操作 [Sculpt Operation]

自动平滑 [Auto Smooth]

雕刻变量 [Sculpt Variables]

最大移位 [Maximum Displacement]

曲面更新 [Surface Updates]

Radius (u)：设置笔刷的半径。

Radius (L)：如果要使用压感笔，在为压感笔施用压力时，可设置笔刷的最小半径或半径的下限。当没有使用压感笔时，此设置是无效的。

Opacity：设置笔画相对于最大位移量比率。

Shape：单击选择笔刷的形状，笔刷的形状决定了被笔刷动作影响区域的形状。笔刷的形状不都是圆滑的。

Operation：选择Push [推]、Pull [拉]、Smooth [平滑]、Erase [擦除] 操作。

Auto Smooth：开启此项，系统会在每画一个笔画后自动对平面进行平滑处理。

Stenghth：设置每次推、拉或平滑操作后，Sculpt Surface Tool平滑曲面的次数。数值设置越大，平滑的速度越快。

Reference Vector：当对曲面进行推拉操作时，参考矢量用来控制CV移动的方向。笔刷的箭头代表参考矢量。

First Normal：以笔画起始点的方向为准移动CV。

View：将CV沿摄像机视图方向移动。

X Axis：将CV设置为仅能沿X轴移动。

Y Axis：将CV设置为仅能沿Y轴移动。

Z Axis：将CV设置为仅能沿Z轴移动。

U：将CV设置为仅能沿U方向移动。

V：将CV设置为仅能沿V方向移动。

Max Displacement

设置笔画的最大深度或者高度。

Reference Surface Update On Each Stroke：勾选此项每画一笔，系统都会自动更新曲面。

Erase Surface Update On Each Stroke：勾选此项每画一笔，系统都会自动烘焙或更新擦除曲面。

雕刻曲面

运用Sculpt Surfaces Tool雕刻曲面，就像使用画笔一样简单容易。通过对曲面运用Sculpt Surfaces Tool,可以用雕刻方式调节CV来达到最终的效果。

如何雕刻曲面

（1）选取要雕刻的曲面。

（2）选择Edit NURBS/Sculpt Surfaces Tool。

（3）拖拽笔刷跨过曲面。

雕刻带有蒙版的曲面

在NURBS曲面上创建一个蒙版，这样在运用雕刻工具在蒙版上造型时，蒙版区域内的CV位置不会因为雕刻操作而发生变化。

导入属性贴图

当运用Sculpt Surfaces Tool导入一个属性贴图，Maya将对CV进行设置，同时为工具的Opacity值映射灰度值。

覆盖雕刻曲面

覆盖（Flood）操作类似用一个巨大的刷子作用于整个曲面。生成的曲面会根据所选的笔刷设置的不同而不同。当覆盖曲面时，系统会根据工具的Operation [操作]、Displacement [移位] 和Reference Vector [参考矢量] 设置在参考曲面上对每个CV进行移位。

覆盖功能与Smooth操作是平滑整个曲面的有效方法。覆盖与Erase操作的结合则用来擦除雕刻效果。

覆盖曲面

（1）选取曲面。

（2）选取 Sculpt Surfaces Tool。

（3）定义用于整个曲面的设置。

（4）在Stamp Profile卷展栏中，单击Flood按钮。

缝合曲面

（1）选择用户要缝合的曲面，然后选择Sculpt Surfaces tool。

（2）选择用户要缝合的公共边。

（3）在Seam选项卡中的Stitching Mode部分，设定用户在雕刻缝合部分时，要为其应用变得连续性。

（4）开启Corners以缝合角。关闭Corners以便仅能缝合边。

（5）对于Sculpt Surfaces Tool，开启Pole CVs选项将沿该边所有的CV推向一个单一的点。对于Script Paint Tools，开启Pole CVs以平均这些CV的值。

（6）单击Stitch Now按钮，或在公共边和公共角上使用Sculpt Surfaces Tool。

自动选择公共边和公共角

默认情况下，Sculpt Surfaces Tool和Script Paint Tools 会选择相互距离在0.5cm之内的公共边和公共角，且边至少有0.05cm长［无论用户使用哪种单位］。用户可以在Seam选项卡中的Seam Auto_creation部分修改这些设置。Maya会精确地检测公共边和公共角。要确保公共接缝能被检测到，增加Seam Tolerance。

雕刻技巧

为了雕刻时能持续地控制，应维持Opacity和Max Displacement的较低设置，并逐步雕刻。

要逐渐加大对模型的平滑处理，在Smooth的操作时使用Flood按钮，并把Opacity设置为Low。

使用Surface Editing Tool

使用Surfaces Editing Tool单击曲面上的某个位置，并使用操纵器对附近区域变形。该工具可以直接对CV进行操作。

拖动操纵器的定位器使操纵器重新定位。也可以在曲面的任一位置单击鼠标，定位操纵器。

Tangent Scale Manipulator [切线缩放操纵器]：

向前或向后拖拉操纵器手柄，可以缩放与操纵器平行的等位结构线的长度。

Tangent Direction Toggle [切线方向开关]：

单击开关，使切线方向与三个固定曲面方向中的一个相对齐，这三个方向是：U、V和法线方向。因此可以在选择的方向上使用切线缩放手柄。因此可以在选择的方向上使用切线缩放手柄。

Tangent direction maniputator [切线方向操纵器]：

单击此图标，显示移动操纵器，这样用户就可以在任何方向上拖拉曲面切线了。移动操纵器通常会使曲面的一部分吐出来，而在相反的一侧曲面会缩进去。

Tangent World Axis Selector [切线整体轴选择器]

在3d空间中单击轴线，选择变形方向。轴是定向的，而且与整个轴的空间方向相同。

Surfaces Editing Tool将会对操纵器的两个跨度间的区域进行变形操作。随着距离的增加，变形效果就会逐渐减少。

可以使用Snap to Curve [捕捉到曲线，快捷键C键] 将操纵器捕捉到等位结构线，或用Snap to grid [捕捉到网格，快捷键V键] 捕捉到面片角上。当用Diplay/NURBS Smoothness/Rough显示物体时，在等位结构线上或面片角上会发生捕捉现象。

Break Tangent [断开或平滑切线]

断开等位结构线，或使断开的等位结构线切线变平滑。

断开切线

（1）选择等位结构线。

（2）选择Edit NURBS/Surface Editing/Break Tangent命令。

沿等位线插入节，以便断开曲面切线。曲面的形状不会立刻改变。如果断开的是曲面点的切线而非等位结构线，Maya将会在两个方向上断开切线。如果应用Surface Editing Tool，只有被编辑的切线被断开。

平滑切线

使用Smooth Tangents来消除等位结构线中的除皱。在编辑Bezier曲线时，在相邻的面片间会很容易。如果这种是不期望产生的。用户应该平滑发生除皱的区域。

（1）选择除皱边缘的等位结构线。

（2）选择Edit NURBS/Surface Editing/Smooth Tangent命令。

此操作会移动可控点的位置，但不会改变可控点或横向跨度的数目。并且沿等位结构线的曲面位置可能会改变。如果平滑曲面点的切线而非等位结构线，则Maya会在两个方向平滑切线。如果应用Surfaces Editing Tool，则只会平滑被编辑的切线。

第六节 ////// 综合实例—— 蘑菇的制作

实例分析：创建基本的NURBS曲面，使用点、线、面元素对曲面进行编辑。如图1-6-1所示。

（1）使用Create [创建] / NURBS primitive [NURBS基本几何体] /Sphere [球体] 建立一个NURBS球体，在通道栏中设置Sphere [球体] 的Spans值为6，在工具栏中找到Scale tool [缩放工具] 在Y轴上进行缩放。如图1-6-2 、1-6-3所示。

（2）使用Move Tool [移动工具] 选择调整Control Vertex [控制点] 和Hull [壳线] 如图1-6-4所示调整成如图1-6-5的形状。

（3）重新创建一个球体，使用缩放工具调整成图1-6-6的形状。

（4）继续使用移动工具选择Control Vertex [控制点] 和Hull [壳线] 调整蘑菇柄的形状。图1-6-7是蘑菇的线框显示。

图1-6-1

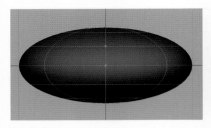

图1-6-2

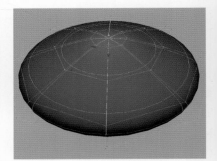

图1-6-5

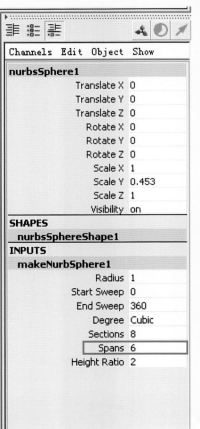

图1-6-3

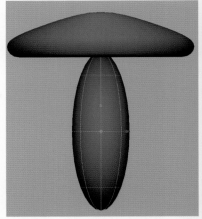

图1-6-6

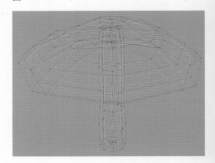

图1-6-7

图1-6-4

第七节 //// 综合实例——手机制作

实例分析：

掌握使用Loft、planar命令创建手机曲面，Intersect Surface、Trim Tool、Round Tool、Freeform Fillet、Project Curve On Surface等命令对手机曲面进行编辑。如图1-7-1所示。

在Maya软件中创建一个工程目录，方便我们来管理文件，选择File［文件］/Project［工程目录］/New Project［新建工程目录］，系统已经为我们设置好了需要的选项，点击Use Defaults［使用默认］选项即可，点击Accept［接受］完成工程目录的创建。这里，我们需要注意的是Maya不支持中文输入，所以在管理文件的命名和指定路径时，都不能出现中文或者数字，只能以英文或者拼音的方式出现，如图1-7-2所示。

Name［工程目录的文件名称］

Location［工程目录指定的路径］

Scene File Locations：Maya场景文件存放目录，在这里可以存放后缀名为*.mb或*.ma的文件。

Project Data Locations：工程数据路径，如灯光、纹理、IPR渲染测试、材质、Mel命令、绘画贴图信息、粒子缓冲、Mental Ray渲染测试、光子图、烘焙贴图等。

Data Transfer Locations：数据转换，如输出Obj、Dfx和EPS模型数据，或将图片烘焙成贴图，如毛发贴图等。

（1）在Top［顶视图］中选择View［视窗］/Image Plane［图像平面］/Import Image［导入图片］命令，这时我们会自动进入到工程目录下的Sourece images文件夹中，找到我们需要导入的图片top.jpg，如图1-7-3所示。在通道栏中设置Image Plane的Width［宽度］和Height［高度］为30，如图1-7-4所示。在制作的过程中，这些参考图只作为我们制作的参考，不能完全按照图片来制作。

（2）在顶视图中创建一个Circle，在通道栏中设置Sections为16，对Circle进行移动，缩放调整大体形状，然后点击鼠标右键进入到子级别选择Control Vertex对点进行移动调整手机的大形，在控制点不足的地方，我们可以给Circle加点。点击鼠标右键，选择Curve

图1-7-1

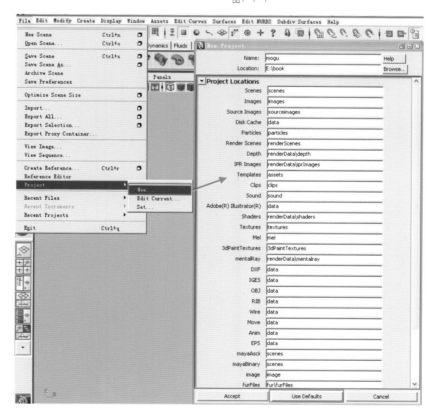

图1-7-2

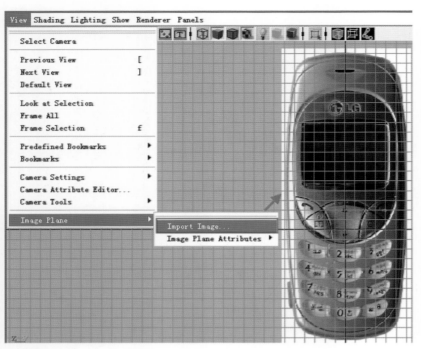

图1-7-3

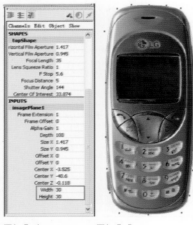

图1-7-4 　　　　　图1-7-5

Point选项在需要加点的地方点击鼠标左键，这时会出现一个黄色的Curve Point点，同时按住Shift键加选需要加点位置，选择Edit Curves [编辑曲线]/Insert Knot [插入结构点] 命令，进行最后的调整，最后的效果如图1-7-5所示。

（3）在前视图中复制出来一条曲线，分别放置在手机底部位置，选择两条曲线执行Surface/Loft [放样]，生成手机机身，在机身上面创建一个Plane,设置Plane Patches U、V分别为6，选择机身曲面和Plane选择Edit NURBS/Intersect Surface [相交曲面] 如图1-7-6所示，选择Edit NURBS/Trim Tool [剪切曲面]，得到一个完整的机身，如图1-7-7所示，选择最底部的Isoparm [等位结构线]，选择Surface [曲面] /Planar [平面]，这样生成底部的面。选择机身和底部的曲面，选择Edit/Round Tool [圆角工具]，生成倒角，如图1-7-8所示。

（4）手机屏幕制作，创建一个Circle [环形]，调整成屏幕形状，然后选择Edit NURBS/Project Curve On Surface [投射曲线到曲面上]，设置Project along [投射方式] 为：Surface normal [曲面法线] 把圆环投射到曲面上，完成操作后，选择选择Edit NURBS/Trim Tool [剪切] 剪切不需要的面，如图1-7-9所示。

（5）缩小屏幕剪切面，选择两个剪切面上的边界线，选择Edit NURBS/Surface Fillet/Freeform Fillet [自由倒角]，选择Hull [壳线]，往下移动，形成凹槽。如图1-7-10所示。使用同样的方法制作出显示屏，如图1-7-11所示。

（6）按键制作，在Top视图中，创建一个Circle [环形]，参考图片调整CV点调整手机按键的形状，如果觉得点不够用，可以使用Edit Curves/Insert Knot [插入结构点] 获取更多的细节调整形状，最后效果如图1-7-12所示。

（7）先选择完成好的件按曲线，然后按Shift键选择曲面选择Edit NURBS/NURBS/Project Curve On Surface [投射曲线到曲面上]，设置Project along [投射方式] 为：Surface normal [曲面法线] 把圆环投射到曲面上，完成操作后，选择选择Edit NURBS/Trim Tool [剪切] 剪切不需要的面，如图1-7-13所示。

（8）选择按键曲线，向下移动复制出一条曲线，选择两条曲线，选择Surface/Loft [放样] 一个曲面，选择上面的曲线选择Surface/Plana生成上面的曲面。同时选择两个曲面选择Edit NURBS/Round Tool [圆角工具] 完成按键制作。如图1-7-14所示。

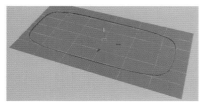

图1-7-6

图1-7-7

图1-7-8

图1-7-9

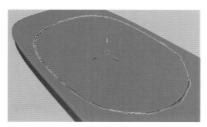

图1-7-10

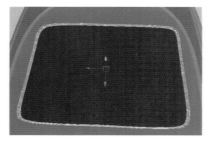

图1-7-11

图1-7-12

图1-7-13

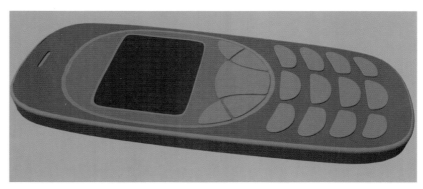

图1-7-14

第八节 //// 综合实例——马灯制作

实例分析：

学会使用Offset Curve、Attach Curve等命令对曲线进行编辑，对Revolve、Extrude创建曲面，使用Intersect Surface、Trim Tool、Project Curve On Surface对曲面进行编辑，如图1-8-1所示。

（1）首先创建一个工程目录，打开Maya文件，在前视图中导入马灯的图片作为参考。底座制作，选择Create/CV Curve Tool工具，参考背景图绘制出底座的外形，生成曲线Curve1。如图1-8-2所示。

（2）选择绘制好的曲线，选择Surface/Revolve [旋转] 命令，生成曲面RevolvedSurface1，如图1-8-3所示。

（3）使用同样的方法制作灯台上面的托盘形状生成曲面RevolvedSurface2。如图1-8-4所示。选择Create/CV Curve Tool工具参考图片绘制出玻璃罩的外形，生成曲线Curve3，如图1-8-5所示。

图1-8-1

图1-8-2

图1-8-3

（4）选择绘制出的曲线，选择Edit Curve［编辑曲线］/Offset［偏移］/Offset Curve［偏移曲线］，偏移出一条新的曲线offset NURBS Curve1，选择曲线Curve3和offset NURBS

图1-8-4

图1-8-5

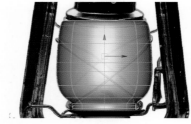

图1-8-6

图1-8-7

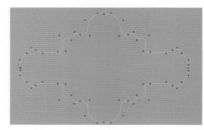

图1-8-8

Curve1选择Edit Curve［编辑曲线］/Attach Curve［连接曲线］，生成新的曲线curve3attachedCurve1，选择曲线curve3attachedCurve1选择Edit Curve［编辑曲线］/Open/Close Curve［打开/关闭曲线］，得到一条闭合曲线。选择这条闭合曲线选择Surface/Revolve［旋转］得到一个新的曲面RevolvedSurface3，完成玻璃罩的制作。如图1-8-6所示。

（5）选择Create/CV Curve Tool工具绘制马灯顶部的造型，然后进行Surface/revolve［旋转］，完成马灯顶部的制作，如图1-8-7所示。这部分造型比较复杂，创建完成曲线后，可以使用调节CV控制点进行结构的调整，在需要加入结构点的位置，可选择Edit Curve/Insert Knot［插入结构点］命令，得到足够的点控制，同时选择CV点时，很多CV点位置不正确，容易使曲线产生扭曲，可以使用小键盘上的左右键进行CV点的选择。

（6）制作马灯的支撑杆，选择Create/CV Curve Tool绘制出马灯支撑杆的外形，创建一个Circle［环形］，删除一半，调整完成支撑杆的横截面的一半，选择Edit/Duplicate Special［复制］复制出另一半，选择Edit Curves/Attach Curves［连接曲线］合并成一个整体，如图1-8-8所示。选择横截面和支撑杆的外形曲线，选择Surface/Extrude［挤压］挤压出支撑杆的形状。如图1-8-9所示。Extrude［挤压］参数设置如图1-8-10所示。使用同样的方法完

图1-8-9

图1-8-10

图1-8-11

成马灯部分小物体的制作。

（7）玻璃罩上铁丝的制作，选择玻璃罩激活，直接在玻璃曲面上绘制曲线，如图1-8-11所示。创建一个Circle［环形］作为玻璃罩上铁丝的横截面，先选择Circle

［环形］同时按Shift键加选玻璃罩上的曲线，选择Surface/Extrdue［挤压］命令，生成一个曲面，进入CV点模型，调整铁丝交叉的位置，完成玻璃罩上铁丝的制作，如图1-8-12所示，Extrude［挤压］设置如图1-8-10所示。

（8）选择马灯的支撑杆，上面的段数比较多，选择Edit NURBS/Rebulid NURBS［重建曲线］，设置合适的UV段数，这里设置U是20，V是12，选择马

灯的顶部和支撑杆，先选取Edit NURBS/Intersec NURBS［相交曲面］命令，生成一个交叉截面，然后选择Edit NURBS/Trim Tool［剪切］删除过多的面。

（9）出烟孔的制作，创建一个Circle［环形］，调整形状和位置，选择Circle［环形］Insert键把中心点到马灯的中心点，在Y轴上设置角度为45度进行旋转复制出8个圆环，设置如图1-8-13所示，选择这8个圆环和马灯顶部，选择

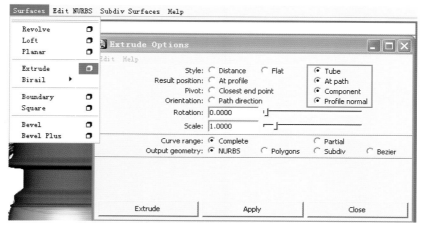

图1-8-12

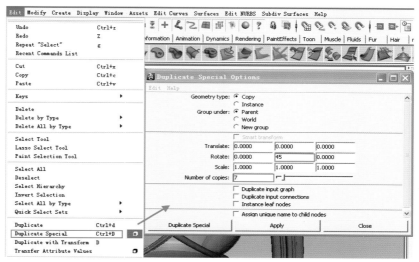

图1-8-13

Edit NURBS/Project Curve On Surface [投射曲线到曲面上]，设置Project along [投射方式] 为：Surface normal [曲面法线] 把圆环投射到曲面上，如图1-8-14所示选择Edit NURBS/Trim Tool [剪切] 删除不需要的面。

（10）上部烟孔的制作，分别在Front [前视图] 和Side [侧视图] 中创建出一个Circle [环形]，调整成烟孔的形状。然后分别在Front [前视图] 和Side [侧视图] 选择Circle曲线选择Edit NURBS/Project Curve On Surface [投射曲线到曲面上]，设置Project along [投射方式] 为：Active View [当前视图] 把圆环投射到曲面上，选择Edit NURBS/Trim Tool [剪切] 删除不需要的面。如图1-8-15。

（11）使用上面的各种方法，制作出马灯的细节，对马灯进行最后的调整，最后效果如图1-8-16所示。

图1-8-14

图1-8-15

图1-8-16

[复习参考题]

◎ 各种道具的制作，如闹钟、灭火器、汽车模型等。

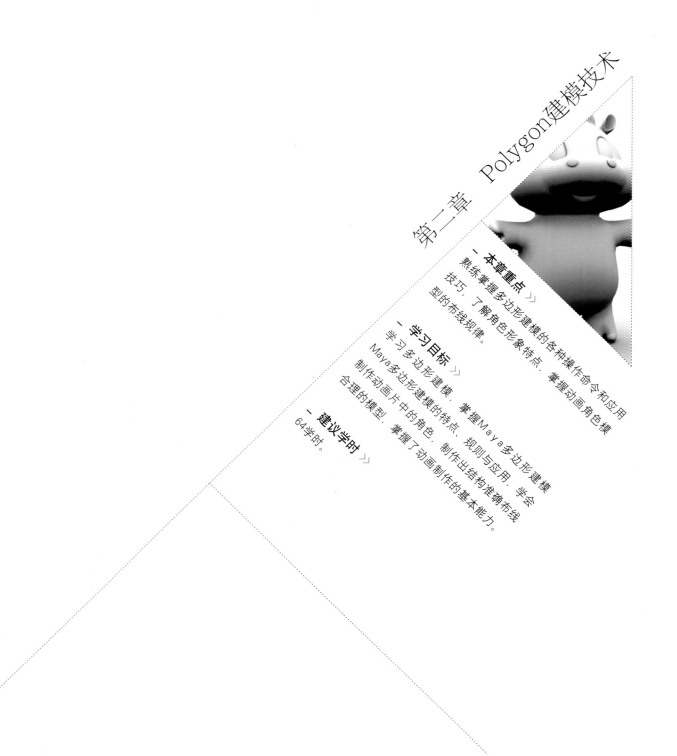

第一章　Polygon建模技术

本章重点 》

熟练掌握多边形建模的各种操作命令和应用技巧，了解角色形象特点，掌握动画角色模型的布线规律。

学习目标 》

学习多边形建模，掌握Maya多边形建模Maya多边形建模的特点，规则与应用，学会制作动画片中的角色，制作出结构准确布线合理的模型，掌握了动画制作的基本能力。

建议学时 》

64学时。

第二章　Polygon建模技术

第一节 ///// Polygon基础知识

多边形是一组由顶点和顶点之间的有序的边构成的N边形。一个多边形物体是面［多边形面］的集合。

1.多边形的元素：Edge［边］Vertex［顶点］、Face［面］UV

按住鼠标右键进行元素选择。

Edge［边］：边指的是多边形面上的一条线，由两个有序顶点定义而成，即两个顶点之间的一条直线。它非激活时的显示状态为亮蓝色的线，激活时的显示状态为橘黄色的线。

Vertex［顶点］：是构成多边形对象最基本的元素，是处于三维空间中的一系列点。它非激活时的显示状态为小紫色方块，激活时的显示状态为黄色方块。

Face［面］：指的是由三个或三个以上的边形成的多边形区域。它非激活时的显示状态为中心带有蓝色点的闭合区域，激活时的显示状态为橘黄色区域。

UV：多边形UV是多边形上的点，通过排列UV，可以对纹理进行定位。它非激活时的显示状态为中等尺寸的紫色方块，激活时的显示状态为亮绿色方块。

Planar和non-Planar polygons［平面多边形和非平面多边形］：如果一个平面上的顶点都处于一个平面上，即平面多边形，例如三边面肯定是平面多边形，如果一个多边形具有三个以上的顶点，并且这些顶点不在同一个平面上，那么这样的多边形就是非平面多边形。在大多数情况下，请不要使用非平面，因为在使用非平面建立曲面时，会产生不可预料的后果，除此之外，在最终输出渲染或在将模型输出到交互式游戏平台时可能会出现错误。

开启Display/Custom polygon Display Options［显示/自定义多边形显示］的Non-Planar［非平面］，快速确定哪些面是非平面。

2.多边形面的法线

法线是用来描述多边形面的方向，并且它总是垂直于多边形面。法线分为面法线和顶点法线，两者可以分别显示于面中心、顶点，也可以同时显示在其上，如图2-1-1至2-1-5所示。

（1）Face normals［面法线它围绕多边形面的顶点的排列

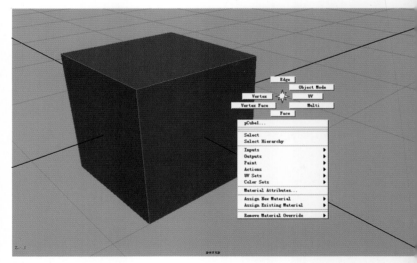

图2-1-1

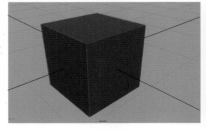

图2-1-2

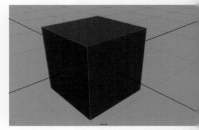

图2-1-3

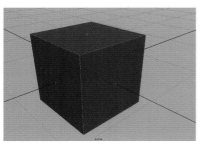

图2-1-4

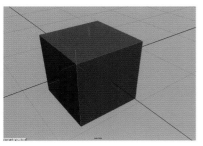

图2-1-5

顺序决定了表面的"方向"，即哪一边是正面，哪一边是背面。在渲染时，面的法线方向决定了对象表面如何反射光线，以及对象表面的明暗变化关系。

(2) Vertex normals [顶点法线]

顶点法线决定了两个面之间的视觉光滑程度。

在光滑实体模型下，当一个顶点上的所有顶点法线均指向同一个方向时，多边形边比较柔和。

在光滑实体模型下，当一个顶点上的所有顶点法线与相应多边形面的方向一致时，多边形的边比较硬。

高级用户可以使用Normals / Vertex Normals Edit Tool [法线/顶点法线编辑] 命令，通过对法线方向的改变，制作出特殊的转折效果或明暗变化。

显示法线的两种方法：

(1) 在Window/Setting/ Preferences/Preferences [窗口/设置/参数/首选] 窗口的Polygons类别中，激活Normals项，既可在每次创建多边形模型时都显示法线，也可以直接点击图案，打开Preferences对话框。图2-1-6所示。

(2) 打开Display/ Polygons/ Custom polygon display options [显示/多边形/自定义多边形显示] 窗口可以精确地设置法线的尺寸，并确定在多边形顶点和面上同时显示法线。勾选上Vertex normals和Face normals，并单击Apply按钮。图2-1-7所示。

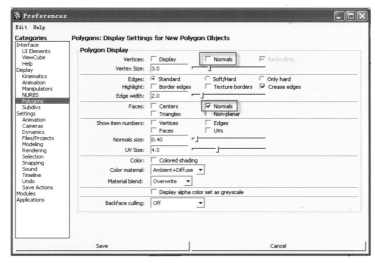

图2-1-6

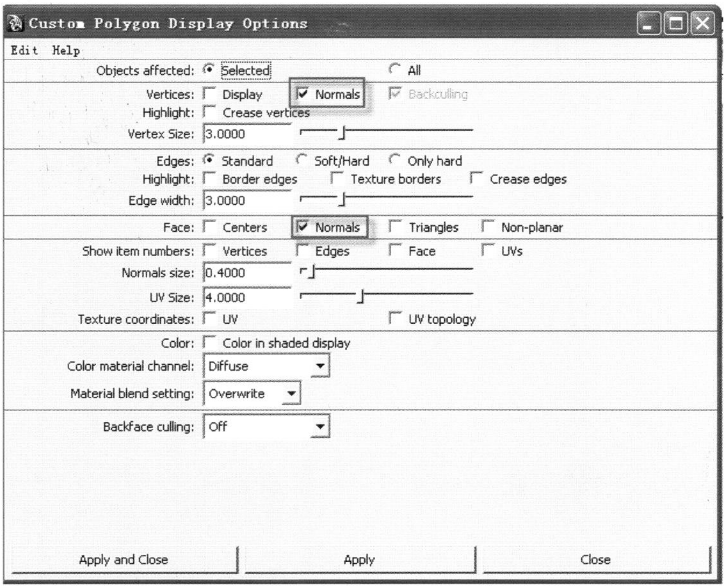

图2-1-7

3.多边形几何体

在Maya中基本多边形几何体有：Sphere［球体］、Cube［立方体］、Cylinder［圆柱体］、Cone［圆锥体］、Plane［平面］、Torus［圆环］、Prism［棱柱］、Pyramid［棱锥］、Pipe［管状体］、Helix［螺旋体］、Soccer Ball［足球］和Platonic Solids［柏拉图多面体］，如图2-1-8所示。

创建多边形几何体

用户可以采用两种方法创建基本几何体：一种是交互式操作方式，如图2-1-9所示；在新建基本物体窗口中［Polygons primitives］设置基本参数，执行命令后，需要单击和拖拽鼠标才能创建新的几何体。新建几何体的位置和用户在视图中单击鼠标的位置有关，创建对象的大小和拖拽鼠标到最后释放鼠标的操作有关。一种是非交互式操作方式，如图2-1-10；在新建基本物体窗口中［Polygons Primitives］设置基本参数，执行命令后，在网格的坐标原点出现一个新的几何体。

用菜单创建多边形物体

操作方法

（1）执行菜单Create/Polygons Primitives/interactive creation［创建/多边形基本几何体/交互创建模式］命令，处于非交互式操作。

（2）执行菜单命令Create/Polygons Primitives/Sphere/［创建/多边形基本几何体/球体］。

（3）设置命令参数。

（4）单击创建窗口上的Create［创建］或Apply［应用］按钮。如图2-1-11所示。

创建其他的多边形物体如上操作

基本几何体的参数设置：

（1）Sphere［球体］

Radius［半径］

Axis divisions［经向分段数］

Height divisions［纬向分段数］

Axis［轴］

Texture mapping［纹理贴图］：Create UVs［创建UV］

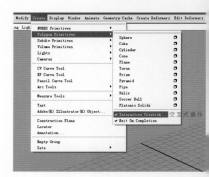

图2-1-9

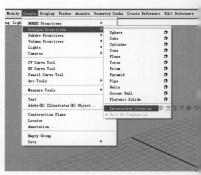

图2-1-10

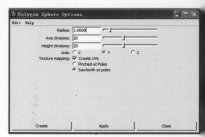

图2-1-11

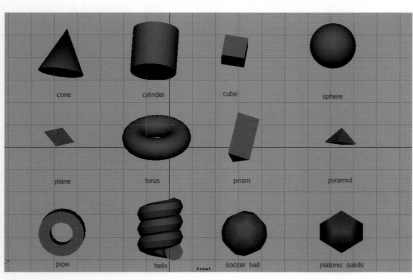

图2-1-8

Pinched at poles [极点位置 UV汇聚]

Sawtooth at poles [极点位置 UV呈锯齿分布]

（2）Cube [立方体] 如图 2-1-12所示。

Width [宽度]

Height [高度]

Depth [深度]

Width divisions [宽度分割]

Height divisions [高度分割]

Depth divisions [深度分割]

Axis [轴]

Texture mapping [纹理贴图]：Create UVs [创建UV]

Normalize [规格化]

Collectively [共同地]

Each face separately [每面分开]

Preserve aspect ratio [保留纵横比]

（3）Torus [圆环]

Section Radius项的值设置了组成圆环的截面半径。改变此项的值可以增加或减少截面的半径。

Twist选项可以设置圆环的扭曲。改变此数值所有方向上圆环的数值。

（4）Pyramid [棱锥]

Number of sides in base：棱锥地面的边数

（5）Pipe [管状体]

Thickness：管状体的厚度

（6）Helix [螺旋体]

Radius：半截面半径

Coils：螺旋数

（7）Soccecer Ball [足球]

32个面，五边和六边形相同
调节参数的两种方法

用户可以在创建几何体之前设置好参数，也可以在创建几何体后，在Channel Box，如图2-1-13所示或者Attributor Editor中设置这些值，如图2-1-14所示。

4.创建和编辑文本

（1）执行菜单命令Create/Text/ [创建文字]。

（2）在Text项的输入栏中输入用户要创建的文本。

（3）如果有必要，可以改变默认情况下的字体设置。

（4）改变选项设置。

（5）单击Create按钮创建文本。

单词的两个镜像显示出来一个是基于NURBS曲面 [或曲线] 的文本字符串，另一个是多边形文本符串。多边形文本字符串呈高亮显示。

一旦变换或者移动了多边形文本，就可以先在新文本中删除历史，然后删除想要删除的NURBS文本。

如果要删除多边形文本的历史，则选择文本，然后选择命令Edit/Delete by Type/History [编辑/根据类别删除/构造历史]。

若要删除NURBS文本，则从3D视图或者Hypergaph中进行选择，然后按键盘上的Backspace键即可。

改变默认字体

如果使用IRIX，则可以在菜单

中选择需要的字体。

如果在Windows系统中，那么可按照下列步骤进行设置：

（1）在Font框的尾部，单击向下的箭头，然后单击Select按钮显示Font窗口。

（2）从Font菜单中选择一种字体，Font style菜单中选择一种风格，Size菜单中选择一种字体尺寸，并且调节其他需要更改的属性。

图2-1-12

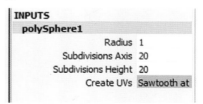

图2-1-13

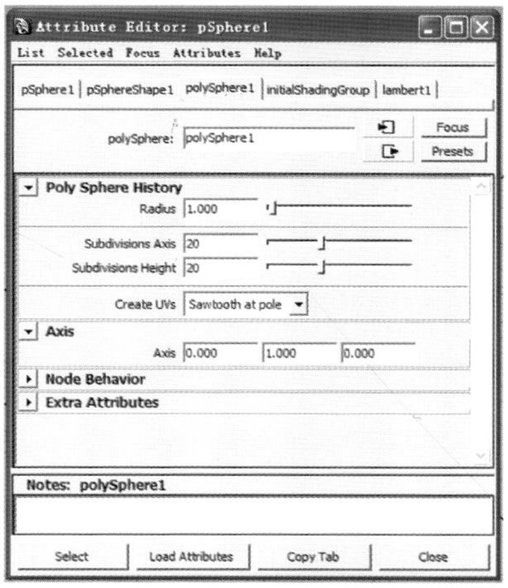

图2-1-14

（3）用户选择的字体类型将在Sample框中显示。单击OK按钮应用所选的字体，并关闭窗口。

创建多边形工具选项

执行菜单命令Mesh/Create Polygon Tool/［网络/创建多边形工具］来显示该工具设置面板。

操作步骤

选择Mesh/Create Polygon Tool命令，在任意视图中单击鼠标左键放置第一个顶点，单击并放置下一个顶点，这时两点之间将成一条直线。

在场景中适当位置中单击鼠标左键，绘制第三个顶点，如果要结束多边形的创建，按Enter键确定。

重新定位一个点

如果要重新定位最后放置的一个点，按键盘上的Insert键，拖动并移动点的位置，如果要完成调节，保持点的新位置，并退出编辑模式再按Insert键。

单击Delete键或者是Back space键，删除最后定义的顶点。如图2-1-15所示。

Divisions：分段数

系统默认值为1，如果改为非1的值，Maya会自动在用户指定的两个顶点中加入新的顶点。

Keep new faces planar：保持新多边形在一个平面上。

Limit the number of points限制点的数量。

Texture space：Normalize纹理坐标将被缩放以适合从0到1的纹理空间。

Unitize纹理坐标将会被放置在0~1纹理空间的边界和拐角处。

None：无。

5.NURBS转多边形

执行命令Modify/Convert/NURBS To Polygons［修改/转变/NURBS转多边形］

用户可以把在Maya中创建的NURBS曲面或者输入的NURBS曲面，包括修剪的曲面转换为多边形物体。在选项设置窗口中，可以设置生成多边形时的选项。用户可以在Channel Box或者Attributor Editor更改转换结果。图2-1-16所示。

Attach multiple output meshes：附加多个输出网格

Match render tessellation：适配渲染嵌装

Type：Triangles［三角面］ Quads［四边面］

Tessellation method：General［常规］：按NURBS对象本身结构参数设置。

Count［数量］：限定转换后多边形的总面数。

Standard fit［标准适配］：按NURBS对象表面的弯曲程度定义。

Control points［CV点］：直接将NURBS的CV点转换成Polygon的顶点。

Chord height ratio：用来逼近多边形的曲线和边之间的最大距离和弦长之间的比率。弦长是两个多边形顶点之间的线性距离。

Fractional tolerance：决定原始表面和插值的多边形表面之间的精确度。

Minimal edge length：产生

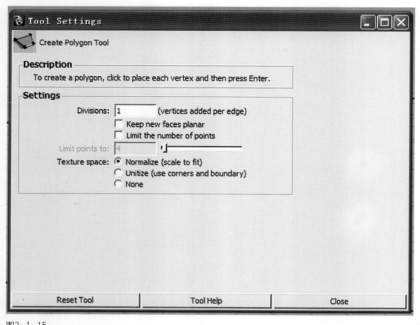

图2-1-15

三角形和四边形的最小长度。它可以通过输入一个值或使用Minimal edge length滑块设置。

3D delta：这是决定曲面上U和V的等位结构线所使用的3D空间，这些等位结构线构成了镶嵌所使用的初始网格。

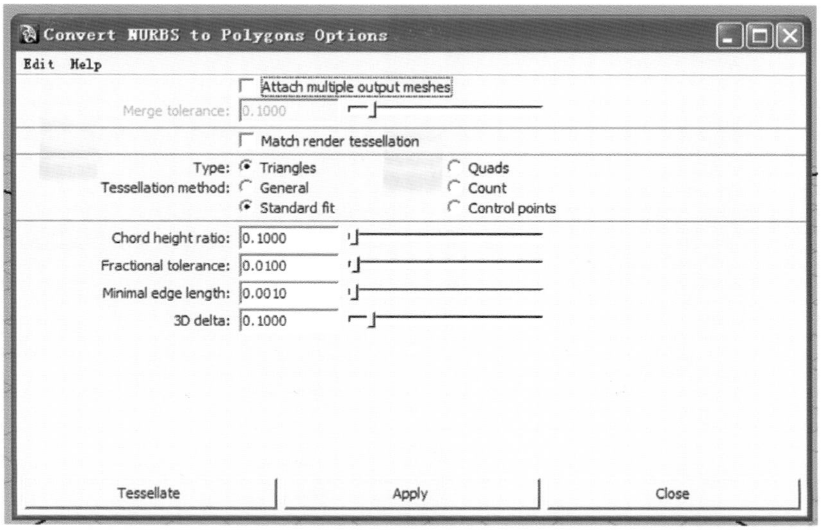

图2-1-16

第二节 ///// Mesh

1.Mesh/Combine [网格/合并]

使用Mesh/Combine [网格/合并] 命令可以将几个选择的多边形对象合并为一个单独的对象，如图2-2-1a、2-2-1b所示。

操作步骤

（1）选择需要合并的多边形对象。

（2）执行菜单命令Mesh/Combine [网格/合并]，将所有选中的对象变为一个完整的对象。

2.Mesh/Separate [网格/分离]

Separate [分离] 操作可以把Polygon对象中没有公共边的多边形面分离为几个单独的对象，如果直接使用Combine [合并] 操作，合并后还没有使用融合命令处理的多边形对象，即使是使用了删除构造历史操作，由于没有共享边，还可以用分离操作将它们分开，如图2-2-2a、2-2-2b所示。

3.Mesh/Extract [网格/提取]

Extract [提取] 操作是从当前的多边形对象上选择一部分面，将它们从原型上分离出来，Extract [提取] 是制作断裂模型的一个快速方法。

操作步骤

（1）选中物体中要提取的面。

（2）执行Mesh/Extract [网格/提取] 操作命令。

选项设置，如图2-2-3。

Separate extracted faces [分离提取面] 提取出的一组面是变成一个新的多边形对象还是原多边形对象中的一部分。如图2-2-4所示和图2-2-5所示。

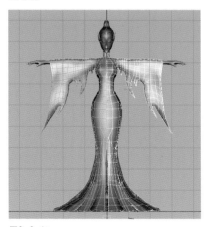

图2-2-1a

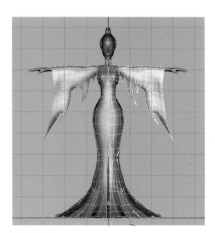

图2-2-1b

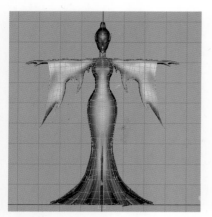

图2-2-2a

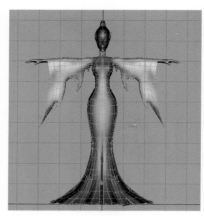

图2-2-2b

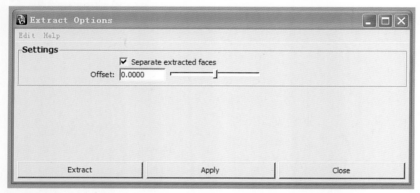

图2-2-3

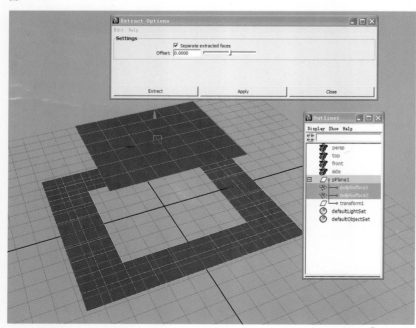

图2-2-4

4.Mesh／Booleans／Union

Union［并集］

Union［并集］就是计算出两个几何体合在一起的状态，如图2-2-6所示。

Difference［差集］

从第一对象中减掉第二个对象，计算结果与选择顺序有关，如图2-2-7所示。

Intersection［交集］

只保留第一个对象与第二个对象公共的部分，如图2-2-8所示。

5.Mesh／Smooth［网格／平滑］

通过修改顶点和连接边改变多边形的拓扑结构，以达到光滑的外形，如图2-2-9。

操作步骤

（1）选择多边形物体或多边形面、顶点、边。

（2）执行菜单Mesh／Smooth／［网格／平滑］命令。

调节Smooth［平滑］命令的参数Divisions［细分］。这一参数控制细分次数。每提高一级就在上一级细分的面上多4倍的面。

选项设置，如图2-2-10。

Add divisions添加分割：Expnentially和Linearly平滑运算法都可以得到相等的效果，但是它们会为生成的拓扑提供不同的控制。

Exponentially：指数有一个可以控制软、硬边的选项。

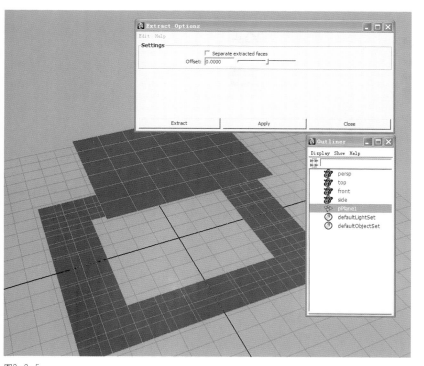

图2-2-5

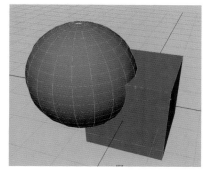

图2-2-6

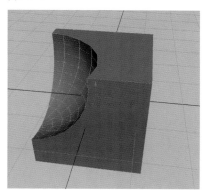

图2-2-7

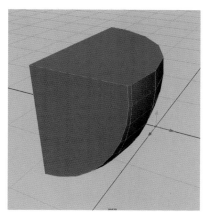

图2-2-8

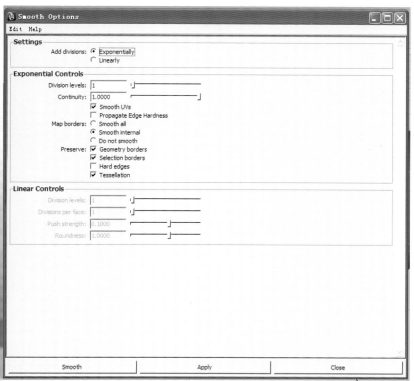

图2-2-10

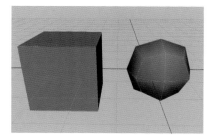

图2-2-9

Linearly：[线性] 具有更好控制生成面数量的选项。

Division levels分割级别：通过拖动滑块或在栏里输入数字可以增加或减少Maya进行平滑操作的次数。参数值越高，物体就越平滑。

Continuity连续性：此参数值决定了平滑程度。

Smooth UVs [平滑UV]

Propagate Edge Hardness：[保留硬的边]

Map borders：[贴图边界]：Smooth all [全部平滑]

Smooth internal：[内部平滑]

Do not smooth：[不平滑]

Preserve [保留]：

Geometry borders几何体边界：当开启此项时，可保持几何体边界边的属性。

Selection borders [选定项边界]：当开启此项时，可保持选择和非选择面边界边的属性。

Hard edges [硬边线]：如果用户已经改变了边的硬度和软度，可以开启该选项以维持这些设置。

Tessellation [细化]：选择该项可对历史节点进行改变，平滑节点不会重新进行分裂复制，但是可以重新放置生成的顶点。

Division levels [分割级别]：平滑次数。参数值越高，物体就越圆滑，而且生成的面就越多。

Division perface [每面分割数]：增加的面数比Division levels少。使用此选项，用户可以更容易在平滑度和低的多边形数量之间达到一个平衡。

细分面可以导致面数增加。Maya可以通过分割各条现有的边来细分各个面。该值就是Maya要进行分割的数目。值为1意味着Maya将边分割一次，值为2意味着Maya将各条边分割两次，依次类推。

Push strength [推动力度]：控制生成平滑曲面的整体体积。使用较高的值向外缩放这些顶点，或者使用较低的值将它们缩进。

Roundness [圆形]：通过缩放原始面中心周围的顶点制作凹凸效果。使用较大的值可以向外缩放这些顶点，较小的值则可以向内缩放它们。为了让Roundness产生此效果，Push strength的值必须大于0。

6.Mesh/Average vertices [网格/平均点]

操作步骤

（1）选择多边形物体或顶点。

（2）执行Mesh/Average vertices [网格/平均点]。

选项设置，如图2-2-11。

Smooths the mesh by moving vertices：按移动顶点平滑网格

Does not increase the number of polygon in the mesh：没有递增网格中的多边形数量

Smoothing amount：平滑数量

7.Mesh/Transfer Attributes [网格/转移属性]

属性连接，目标物体与要更改物体之间顶点信息、UV、颜色属性的传递。

操作步骤

（1）选择目标体，再选择要更改物体。

（2）执行Mesh/Transfer Attributes/ [网格/转移属性] 命令。

选项设置，如图2-2-12。

Vertex position顶点位置：off 不更改顶点位置 On 启用

Vertex normal顶点发现:off 关闭 On启用

UV Sets UV组：off 不更改物体UV Current All全部

Color Sets颜色组:off 不更改物体颜色 Current All全部

Sample space样本空间：world [世界] Local局部 UV Conponent

Mirroring镜像：off关闭 X Y Z

Flip UVs翻转UV：Off关闭 U V

Color borders颜色边界：ignore忽略 Preserve保留

Mesh/Copy mesh attributes/ [网格/拷贝网格属性]

选项设置，如图2-2-13。

Copy拷贝:UV Sets UV组

Vertex colors：[顶点颜色]

Vertex positions：[顶点位置]

8.Mesh/Clipboard Actions→Copy Attributes
[网格/拷贝属性]

Mesh/Clipboard Actions→Paste Attributes
[网格/粘贴属性]

Mesh/Clipboard Actions→Clear Clipboard
[网格/清除剪贴板]

选项设置，如图2-2-14所示。

Attributes 属性:UV

Shader [着色器]

Color [颜色]

Mesh/Reduce/ [网格/减少面选项]

9.Reduce [减少]

选项设置，如图2-2-15所示。

Reduce by% [减少按（%）]

Keep quads [保持]

Triangle compactness：[三角格精简]

Triangulate before reducing [减少之前三角格]

Keep original [保留原件] [以描绘权重]

Reduction influencers：[减少影响]

Color per vertex [每顶点颜色]

Preserve [保留]：mesh borders [网格边界]

UV borders：UV边界

Hard edges：硬边线

Vertex positions：顶点位置

10.Mesh/Cleanup

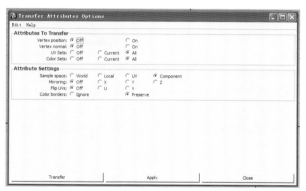

图2-2-12

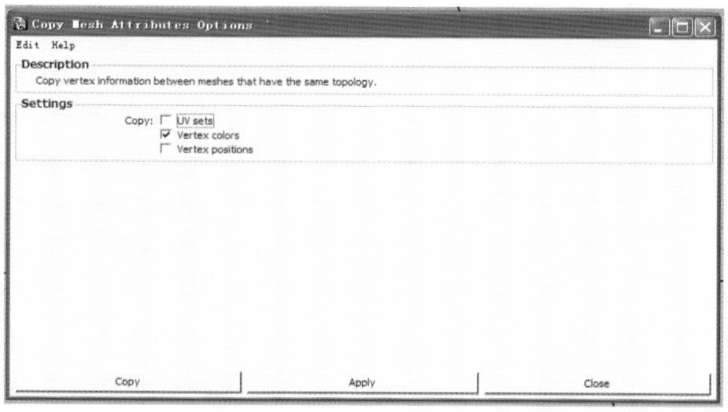

图2-2-13

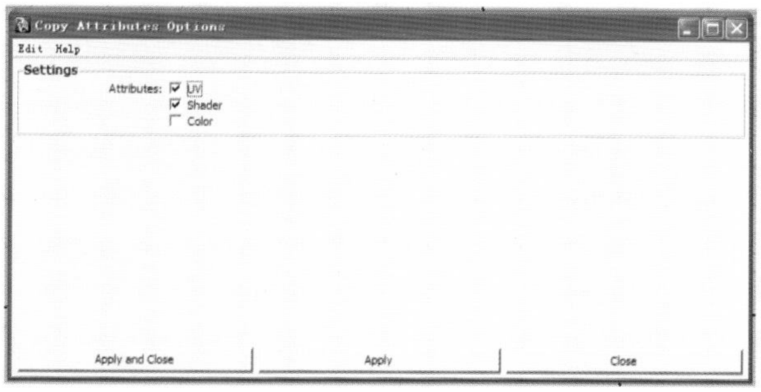

图2-2-14

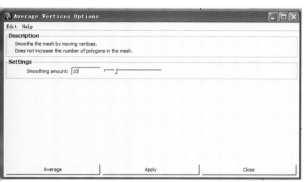

图2-2-11

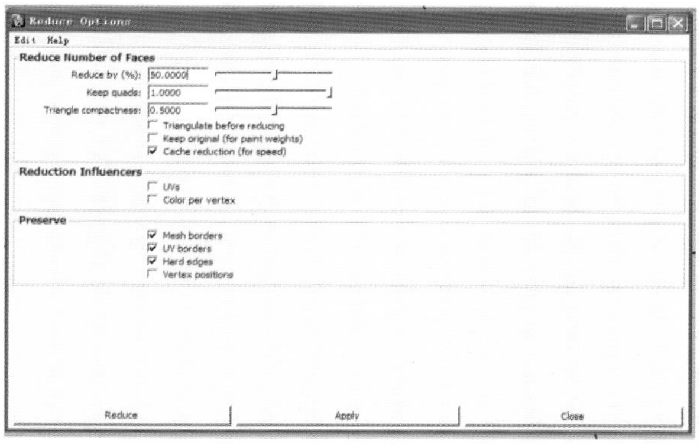

图2-2-15

清除、移除掉不必要或不合理的多余的面，或数值为0面积的边或面。

11.Mesh/Triangulate [网格/三角化]

使用三角化操作可将多边形转变为三角形。三角化有助于确保非平面的渲染效果。

操作步骤

（1）选择要三角化的面或这个模型。

（2）执行菜单Mesh/Triangulate [网格/三角化]命令。如图2-2-16所示。

12.Mesh/Quadrangulate [网格/四边化]

它是将多边形对象中的组元面转化成四边面，如图2-2-17所示。

操作步骤

（1）选择要四边化的面或这个模型。

（2）执行菜单Mesh/Quadrangulate [网格/四边化]命令。

选项设置，如图2-2-18所示。

Angle threshold [角度阈值]

角度阈值通过输入数值或者拖动滑块可以设置两个合并三角形的极限参数 [这个极限参数是两个邻接三角形的面法线之间的角度]，当Angle threshold的参数值是0

时，只有共面的三角形被合并，当Angle threshold的参数值是180，它表示所有相邻三角形都可能被四边化。

keep face group border [保持面组边界]：

勾选此项可以保持面组的边界，当关闭此项时，面组的边界可能被修改。此选项默认为勾选。

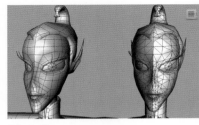

图2-2-16

图2-2-17

Keep hard edges [保留硬边]：

此选项的默认状态是勾选，此时将保留多边形物体中的硬边，当关闭此选项时，在两个三角形面之间的硬边可能被删除。

Keep texture border [保持纹理贴图的边界]：

当勾选此项时，Maya将保持纹理贴图的边界。当关闭此项时，Maya就爱那个修改纹理贴图的边界。默认为勾选。

World space coordinates [世界空间坐标]：

在默认情况下，此选项为勾选。设置的Angle threshold项的参数是处在整个坐标系中的两个相临三角形面法线之间的夹角。当关闭此项时，Angle threshold项的参数值是处在局部空间中的两个相临三角形面法线的夹角。

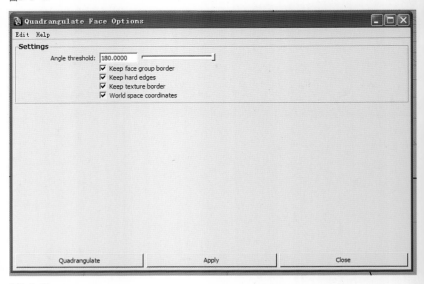

图2-2-18

13.Mesh/paint transfer attributes weights tool [网格/绘制传递属性权重工具]

选项设置，如图2-2-19所示。

Brush：radius (u) [外径]

radius (L) [内径]

opacity [不透明度]

accumulate opacity [积聚不透明度]

Profile [轮廓]

Rotate to stroke [旋转到笔画]

Paint operation：replace [置换]

Add [添加]

Scale [缩放]

Smooth [平滑]

Value [值]

Min/Max value [最小/最大值]

Clamp [钳制] Lower [较低] Upper [较高]

Clamp values [钳制值]

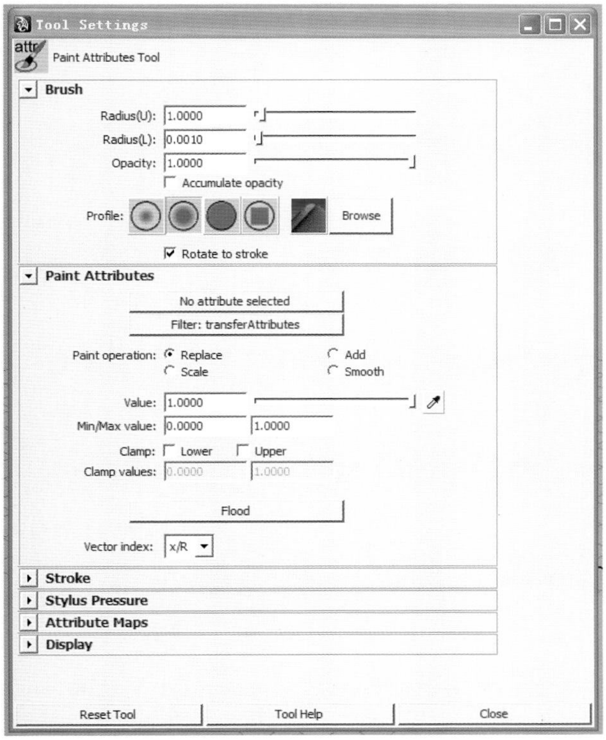

14.Mesh/Fill Hole [网格/填补洞]

操作方法

（1）选择需要填充洞的边或几何体。

（2）执行Mesh/Fill Hole [网格/填补洞] 命令，如图2-2-20所示。

15.Mesh/Make Hole tool [网格/作洞工具]

操作步骤

（1）选择需要作洞的多边形面。如图2-2-21所示。

（2）执行Edit Mesh/Duplicate Face/ [编辑网格/复制表面] 打开设置窗口。

（3）关闭Separate Duplicate Face [分离复制的面]单击Duplicate按钮。如图2-2-22所示。

（4）使用Separate Duplicate的操作手柄或者使

图2-2-19

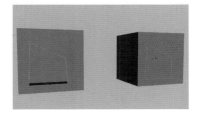

图2-2-20 　　　　　　　　　　　　图2-2-21

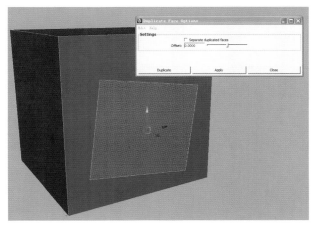

图2-2-22

用移动，旋转和缩放工具，然后使他稍微偏离立方体平面。

（5）执行Mesh/make Hole tool [网格/作洞工具]，先选择需要作洞的面，然后加选作洞的参考面。

（6）按键盘上的Enter键。如图2-2-23所示。

16.Mesh/Create Polygon Tool [网格/创建多边形工具]

创建多边形工具命令可以创建出来只有一个面的多边形。

操作步骤

（1）执行Mesh/Create Polygon Tool/ [网格/创建多边形工具] 命令。

（2）选择一个视图窗口，这里我们选择透视图。鼠标左键创建多边形的第一个顶点。

（3）依次创建多边形的其他顶点，顶点之间会自动封闭，最后会形成一个多边形面，Enter键结束创建。如图2-2-24a、2-2-24b所示。

选项设置，如图2-2-25所示。

To create a polygon ,click to place each vertex and then press Enter要创建多边形，点击以放置每一顶点然后按下回车键。

Divisions：keep new faces planar：保持共面选项，使产生的多边形的所有边都在同一平面上。

Limit the number of points：限定多边形顶点的数目。选择这项属性后，Limit point to后的数目即是所创建多边形的顶点数。

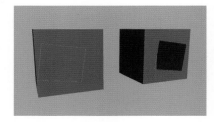

图2-2-23

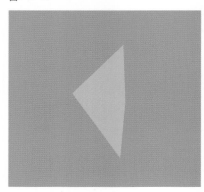

图2-2-24a

图2-2-24b

Texture space：normalize：正常，所创建的多边形具有适合比例的UV

Unitize：整合 [使用角点和边界]

None：无

17.Mesh/Sculpt Geometry Tool [网格/几何体雕刻工具]

在Maya中，用户可以通过移动、旋转和缩放顶点来改变物体的形体。使用Mesh/sculpt geometry tool/ [网格/几何体雕刻工具] 命令也可以通过推、拉、圆滑、松弛和擦除工具快速生成相同的结果。其操作方式很像雕泥塑。

操作步骤

（1）选择多边形对象。

（2）执行菜单Mesh/Sculpt Geometry Tool [网格/几何体雕刻工具] 命令，修改参数。

（3）在曲面上进行雕刻。

选项设置，如图2-2-26所示。

Brush：radius (u) [外径]
radius (L) [内径]

opacity [不透明度] 这一选项的参数值可以作为最大偏移量的系数。就好像你设置的最大偏移量是4cm，Opacity为0.5，那么每笔绘画的偏移量是2cm。

accumulate opacity [积聚不透明度]

Profile [轮廓]

Rotate to storke [旋转到笔画]

push [推] pull [拉] smooth [平滑] relax [松弛] erase [擦除]

Push/Pull [推/拉] 当我们玩橡皮泥的时候用手指在上面用力地按一下会有一个手指印。那么它就像我们在使用Sculpt Polygons Tool菜单选择Push "推" 选项操作一样。后者只是在曲面上进行操

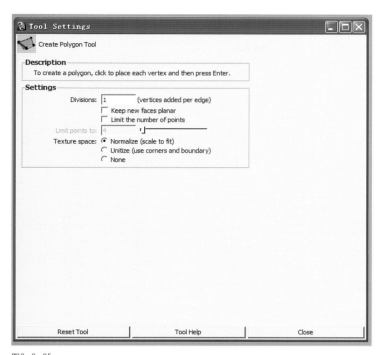

图2-2-25

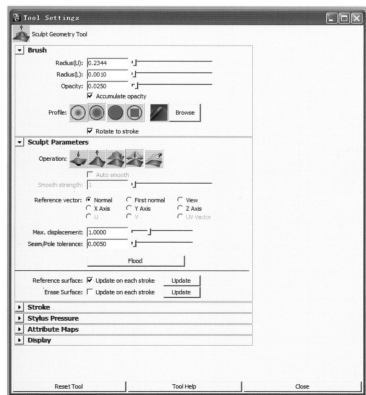

图2-2-26

作。如图2-2-27所示。

Smooth [平滑]

可以将Sculpt Geometry Tool [几何体雕刻工具] 设置为Smooth [平滑] 方式在表面上绘画，来平滑多边形的凹凸表面。如图2-2-28所示。

Erase [擦除]

Sculpt Polygons Tool 使用擦除曲面作为选择取消雕刻操作的基础。与参考曲面相似的是，擦除曲面是雕刻操作的基础表面。当在雕刻的曲面上进行擦除操作时，擦除的部分会恢复为原始曲面状态。

Auto Smooth [自动平滑]

当打开该项时候如果选择的雕刻操作是Push [推] 或Pull [拉]，每绘制完一笔，Maya就会自动对平面进行平滑处理。

Smooth Strength [强度]

当打开这一项之后，可以在这一栏输入圆滑强度值。此项设置每次推、拉或圆滑操作后，Sculpt Geimetry Tool圆滑表面系数。数值越大，圆滑的程度就越厉害。

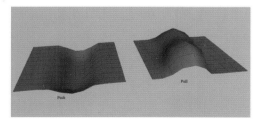

图2-2-27

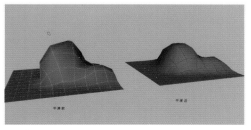

图2-2-28

normal [法线]：顶点沿曲面的法线方向移动。

First normal：在绘制过程中，顶点将沿着画笔开始的曲面法线方向进行移动。

View：顶点沿着平行与摄像机视图的方向进行移动。

X axis：顶点只沿着X轴的方向进行移动，不沿着Y轴或Z轴进行移动。

Y axis：顶点只沿着Y轴进行移动，而不沿着X轴或Z轴移动。

Z axis：顶点只沿着Z轴方向进行移动，而不沿着X轴或Y轴移动。

Max displacement [最大置换] 设置笔刷移动曲面的最大深度或最大高度，或者用滑块进行选择。

多边形雕刻与构造历史

当雕刻对象为带构造历史的表面时，Maya的性能会受到影响，因为在雕刻时历史记录要被重新计算，若改变表面的构造历史，就会出现不可预料的后果，如果不要求历史记录，那么在雕刻前将历史记录删除。

输入贴图控制雕刻

Sculpt Geometry Tool [几何体雕刻工具] 可以直接将灰度值贴图到工具的Opacity来控制雕刻效果。

18.Mesh/Mirror Cut [网格/镜像剪切]

操作步骤

（1）选择需要镜像的几何体。

（2）执行Mesh/Mirror Cut [网格/镜像剪切] 命令。

（3）根据需要调整镜像平面的位置和方向改变镜像结果。

选项设置，如图2-2-29所示。

Cut along [镜像剪切对称平面]：YZ plane YZ平面

XZ plane XZ平面

XY plane XY平面

Marge with the original：镜像对象与原对象合并。

Merge vertex threshold：顶点融合阈值。

19.Mesh/Mirror geometry [网格/镜像几何体]

使用Mirror geometry命令可以对一个多边形对象做镜像复制，可以通过设置命令参数指定镜像的对象与原多边形对象合并为一体。

操作方法

（1）选择需要镜像的几何体。如图2-2-30a所示。

（2）执行Mesh/Mirror geometry [网格/镜像几何体] 命令，如图2-2-30b所示。

注意：在默认情况下在通道栏中Merge Threshold值为0.01，当两个点的距离在这个值的范围之内，那么就会如图2-2-31a所示。

则这个时候需要在通道栏中把Merge Threshold的值改为0.001，如图3-2-31b，调整得到如图2-2-32所示效果。

选项设置，如图2-2-33。

Mirror Direction：[镜像方向] +X+Y+Z　-X-Y-Z

Merge with the orginal：[镜像对象与原对象融合]

Merge vertices：[顶点融合]

Connect border edges：[边界连接]

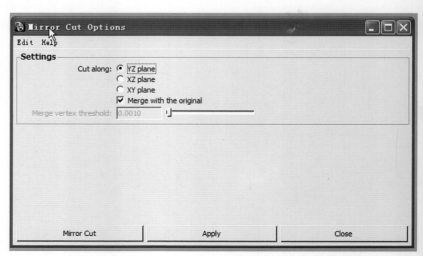

图2-2-29

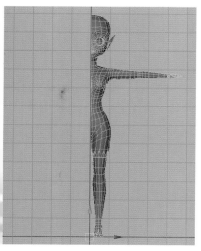

图2-2-30a

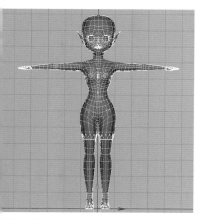

图2-2-30b

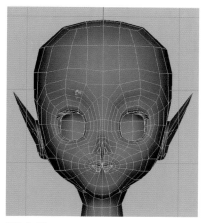

图2-2-31a

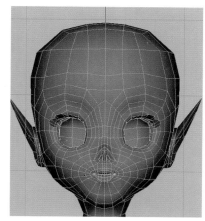

图2-2-32

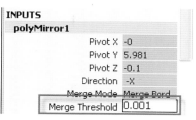

图2-2-31b

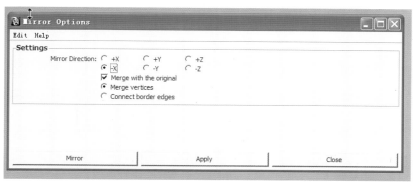

图2-2-33

第三节 ///// Edit Mesh

1.Edit Mesh/Keep Faces Together 编辑网格/保持面的连接]

操作方法

（1）选择所有用户想要拉伸，复制或提取的面

（2）打开Keep Faces Together项

（3）拖动操纵器手柄，或在Channel Boxes中改变值，从面拉伸，复制或提取面。如图2-3-1所示。

拉伸未勾选状态：

拉伸勾选状态下，如图2-3-2所示。

复制未勾选状态，如图2-3-3所示。

复制勾选状态，如图2-3-4所示。

提取未勾选状态，如图2-3-5所示。

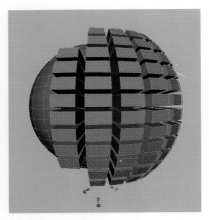

图2-3-1

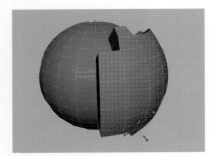

图2-3-2

图2-3-3

图2-3-4

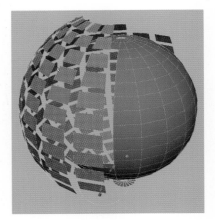

图2-3-5

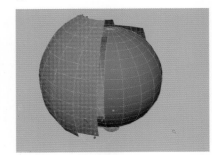

图2-3-6

提取勾选状态，如图2-3-6所示。

2.Edit Mesh/Extrude [编辑网格/挤出]

操作方法

（1）选择挤出对象的顶点，边或面。

（2）执行菜单命令Edit Mesh/Extrude [编辑网格/挤出]。

挤出命令的操作结果可以通过操作手柄直接控制，如图2-3-7所示。如果对象为顶点，操作手柄为单纯的移动手柄；如果对象为边、面，操作手柄为移动，旋转和缩放综合手柄，交互操作可以同时进行移动、旋转、缩放。还可以改变操作手柄的曲轴点，在全局模式和局部模式之间切换。

当挤出对象为多个连续面或边，就存在挤出后新产生的面是否相连的问题，这是由Edit Mesh/Keep Faces Together选择的状态决定。

选项设置，如图2-3-8所示。
Divisions：[分割]
Smoothing angle：[平滑角度]
Offset：[偏移]
Use selected curve for extrusion [挤出使用选定的]
Taper：锥化
Twist：扭曲

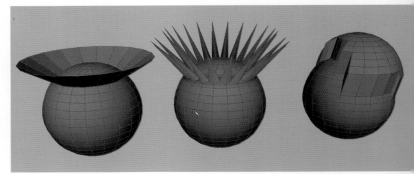

图2-3-7

3. Edit Mesh/Bridge [编辑网格/桥接]

操作步骤

(1) 选择两条边界边或两组连接边界边。

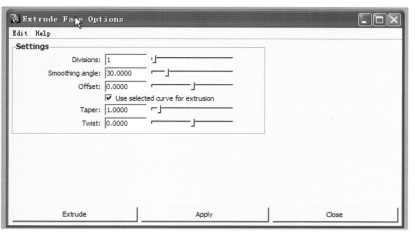

图2-3-8

图2-3-9

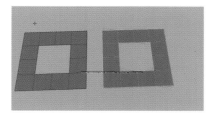

图2-3-11a

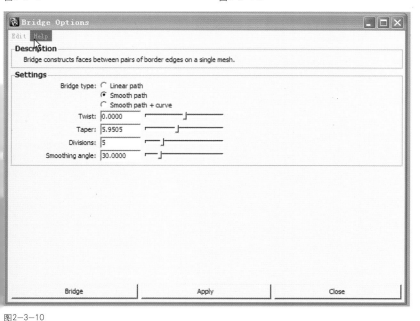

图2-3-10

(2) 执行Edit Mesh/Bridge [编辑网格/桥接] 命令。如图2-3-9所示。

打开其属性，调节则可以改变桥接的段数。

选项设置，如图2-3-10所示。

Bridge constructs faces between pairs of border edges on a single mesh桥接约束在单一网格上一对边界边线之间的面

Bridge type [桥接类型]：这个桥接形式有3种。

Linear path [线性路径]：生成的新过渡面在一条直线上。

Smooth path [圆滑路径]：生成的新过渡面与原有的面为圆滑过渡。

Smooth path+curve [圆滑曲线路径]：生成的新过渡面与原有面为圆滑过渡。

Twist [扭曲]：可以控制桥接面的扭转。

Taper [收缩]：可以控制翘睫毛中部的收缩扩张。

Divisions [分段数]：可以控制桥接面的分段数。

Smoothing angle [圆滑角度]：可以使桥接面圆滑各个角度。

4. Edit Mesh/Append to Polygon Tool [编辑网格/追加多边形工具]

图2-3-11b

图2-3-11c

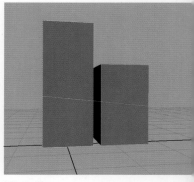

图2-3-13

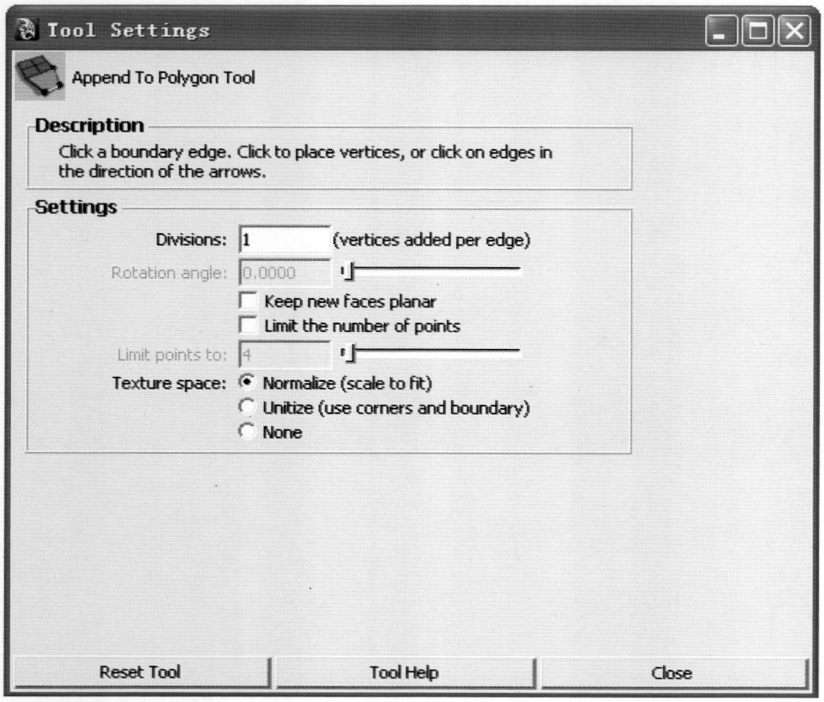

图2-3-12

Divisons [分割]: Vertice
added per dege [每边线添加顶点
数]

Rotation angle: [旋转角度]

Keep new faces planar: [保
留新的平面的面]

Limit the number o
points: [限制点数]

Limit points to: [限制点到]

Texture space: [纹理空间]

Normalize [scale to fit] [规
格化] [缩放以适配]

Unitize [use cormers and
boundary] 整合 [使用角点和边界]

5.Edit Mesh/Cut Faces Too
[编辑网格/剪切面工具]

操作步骤

（1）选择几何体。

（2）执行Edit Mesh/Cu
Faces Tool [编辑网格/剪切面工
具] 命令。

（3）按住鼠标左键在所选择
的几何体上移动，将形成一条直
线，此直线将会把所选择的几何体
剪切开。如图2-3-13所示。

操作步骤

（1）选择需要填充洞的多边
形对象。如图2-3-11a所示。

（2）执行Edit Mesh/Append
to Polygon Tool [编辑网格/追加
多边形工具] 命令。

（3）选择洞的一条边。

（4）跟着箭头的方向依次去
选择边。如图2-3-11b所示。

5.按键盘Enter键结束操作，
如图2-3-11c所示。

选项设置，如图2-3-12所示。

Click a boundary edge,
Click to place veryices,or click
on edges in the direction of the
arrows点击边界边线。点击以放置
顶点，或点击在鼠标指针方向上的
边线。

Cut Faces Tool Options

Edit   Help

Settings

Cut direction: ⦿ Interactive (click for cut line)
                ○ YZ plane
                ○ ZX plane
                ○ XY plane

☐ Delete cut faces
☐ Extract cut faces

Extract offset: [0.5000] [0.5000] [0.5000]

| Enter Cut Tool And Close | Enter Cut Tool | Close |

2-3-14

Tool Settings

Split Polygon Tool

Description

Draw a line across a face to split it into two more new faces.
The line must start and end on an edge.
Each time it touches an edge a new face will be created.

Settings

Divisions: [1]   (vertices added per edge)
Smoothing angle: [0.0000]
☑ Split only from edges
☑ Use snapping points along edge
Number of points: [1]   (1 = snap to midpoint)
Snapping tolerance: [10.0000]

| Reset Tool | Tool Help | Close |

2-3-16

选项设置，如图2-3-14所示。

Cut direction：[剪切方向]

Interactive [click for cut line] 交互方式 [点击以剪切线]

YZ plane：YZ平面

ZX plane：ZX平面

XY plane：XY平面

Delete cut faces：[删除剪切面]

Extract cut faces：[提取剪切面]

6.Edit Mesh/Split Polygon Tool [编辑网格/分割多边形工具]

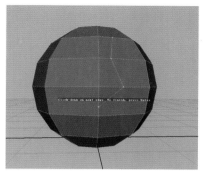

图2-3-15

操作步骤

（1）选择Edit Mesh/Split Polygon Tool [编辑网格/分割多边形工具] 命令。

（2）单击要分割的第一条边，沿多边形的边拖拽鼠标，改变新顶点的位置。

（3）单击其他的边，放置第二个顶点，出现第一条新边。如图2-3-15所示。

选项设置，如图2-3-16所示。

Divisions：[细分数]

vertices added per edge：[每边线添加顶点数]

Smoothing angle：[平滑角度]

Split only from edges [仅从边线分裂]

Use snapping points along edge [沿着边线使用捕捉点] ：当打开此项的时候，切分点会捕捉到分解面的边上，关闭此项时新切分点可以放在边以外的位置上。如图2-3-17所示。

Number of points [点数]

[1=snap to midpoint] 1=捕捉到中心点

Snapping tolerance：[捕捉容差]

7.Edit Mesh/Insert Edge Loop Tool [编辑网格/插入环形切分线工具]

使用Edit Mesh/Insert Edge Loop Tool [编辑网格/插入环形切分线工具] 在多边形上找到一排圈状线如图2-3-18a所示，插入环状线将它们切开，如图2-3-18b所示。

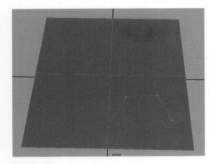

图2-3-17

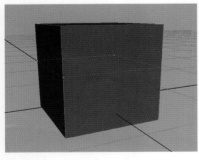

图2-3-18a

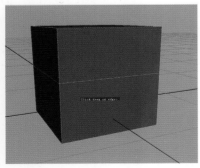

图2-3-18b

操作步骤

（1）执行Edit Mesh/Insert Edge Loop Tool [编辑网格/插入环形切分线工具] 命令。

（2）在模型的一条边上拖拽鼠标，插入切分线的位置松开鼠标完成操作。

选项设置，如图2-3-19所示。

To create a new path of edges across a mesh，click an edge and drag要创建边线越过网格的新路径，点击边线并拖动

Maintain position：[维持位置]

Relative distance from edge：从边线的相对距离

Equal distance from edge：[从边线的相等距离]

Multiple edge loops：[倍增循环边线]

Use equal Multiplier：[使用相等倍增器]

Number of edge loops：[循环边线数量]

Auto complete：[自动完成]

Fix Quads：[修复四角格]

Smoothing angle：[平滑角度]

8.Edit Mesh/Offset Edge Loop Tool [编辑网格/偏移环形切分线工具]

Offset Edge Loop Tool [偏移环形切分线工具] 在多边形上找到一条环状线，在这条环状线的两边等距离的位置上各插入一条新的环状线。

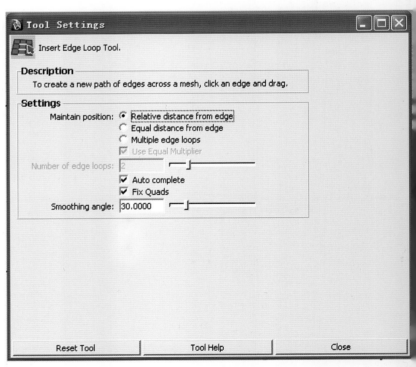

图2-3-19

操作步骤

（1）执行Edit Mesh/Offset Edge Loop Tool [编辑网格/偏移环形切分线工具] 命令

（2）在模型的一条边上拖拽鼠标，插入切分线的位置松开鼠标完成操作。如图2-3-20a、2-3-20b所示。

选项设置，如图2-3-21所示。

To insert edge loops on both sides of an edge,click an edge and drag：要在边线的两侧上插入循环边线，点击边线并拖动

Start/End vertex offset：[开始/结束/顶点偏移]

Smoothing angle：[平滑角度]

Tool completion：[工具完成]

Automatically：[自动]

Press enter：[按下输入]

Maintain position：[维持位置]

Relative distance from edge：[从边线的相对距离]

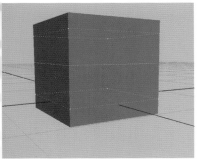

图2-3-20a

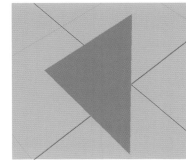

图2-3-22a

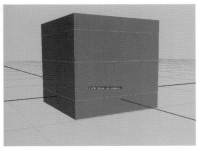

图2-3-20b

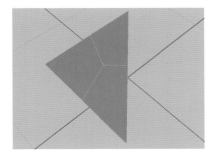

图2-3-22b

9.Equal distance from edge从边线的相等距离

Edit Mesh/Add Divisions [编辑网格/添加细分]

使用Divisions可以把一条边细分为一条或多条子边，也可以把一个面细分为一个或多个面，以创建新面。

操作步骤

（1）选者要细分的边或面。

（2）执行菜单Edit Mesh/Add Divisions [编辑网格/添加细分] 命令。如图2-3-22a、图2-3-22b所示。

选项窗口中的当前设置决定了边和面如何细分，另外好可以在操作细分后使用Channel Box或Attribute Editor来改变细分的值和模式。

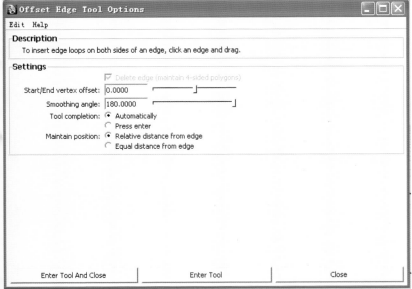

图2-3-21

选项设置，如图2-3-23所示。

Add divisions [添加细分]：参数

设置面和边的细分值有Exponential [指数] 和Linearly [线性] 两种不同的方式。

Exponential[指数]指定division Levels[细分级数]，每一级都是在上一级细分结果的基础上再次细分，这样细分的面数呈几何级数，而不是连续变化。

Linearly [线性] 方式为指定细分的绝对分段数，用户可以指定U方向和V方向的段数。

Division levels：[细分级别]

在Exponential [指数]：模式下用Division levels：[细分级数]参数指定细分的级数，每提高一级，面数提高到原来的3陪或4陪。

Mode [细分面形式]

在Exponential [指数] 模式下mode参数指定细分面形式是三边面还是四边面。

10.Edit Mesh/Slide Edge Tool [编辑网格/滑动边工具]

此工具允许沿一个多边形面移动此面的一条边。

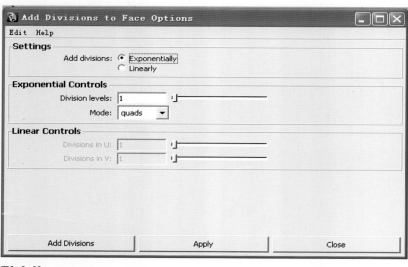

图2-3-23

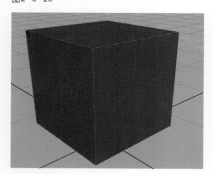

图2-3-24a

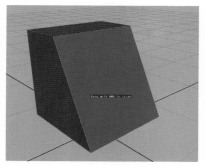

图2-3-24b

操作方法

（1）选择要滑动的多边形边。

（2）执行Edit Mesh/Slide Edge Tool [编辑网格/滑动边工具]。

（3）在场景中左右拖动鼠标中键，刚才选择的边沿一个面滑动。如图2-3-24a、图2-3-24b所示。

11.Edit Mesh/Transfrom Component [编辑网格/组元变换]

直接对多边形组元进行移动，旋转和缩放操作结果，不会被记录在多边形历史构造中，所以不能再被修改、删除。

操作方法

（1）选择要操作的组元。

（2）执行Edit Mesh/Transfrom Component [编辑网格/组元变换]命令。

（3）此时出现一个变换操作手柄，拖拽操作手柄指示器来移动组元达到需要的效果，或在属性编辑器或通道栏中改变其设置，如图2-3-25a、图2-3-25b所示。

选项设置，如图2-3-26所示。

Transforms relative to the normal, creating history变换相对于法线，创建历史记录

Random [随机]

12.Edit Mesh/Flip Triangle Edge [编辑网格/翻转三角形]

翻转两个三角形的公共边。

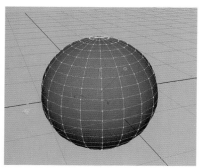

图2-3-25a

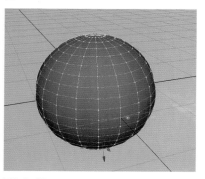

图2-3-25b

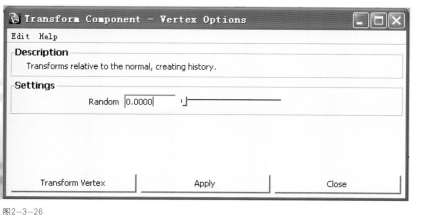

图2-3-26

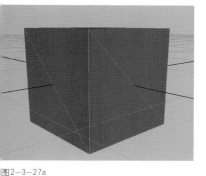

图2-3-27a

操作方法

选择相邻两个三角形的公共边，单击执行Edit Mesh/Flip Triangle Edge［编辑网格/翻转三角形］。如图2-3-27a、图2-3-27b所示。

13.Edit Mesh/Poke Face［编辑网格/刺分面］

操作步骤

（1）选择一个或多个面，执行Edit Mesh/Poke Face［编辑网格/刺分面］命令。

（2）使用操纵器调节新顶点的高度与位置，如图2-3-28a、图2-3-28b所示。

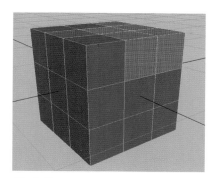

图2-3-28a

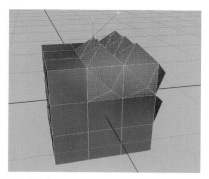

图2-3-28b

选项设置，如图2-3-29所示。

Insert a central vertex to split a face插入中心顶点以分割面

Vertex offset：［顶点偏移］

Offset space：［偏移空间］

World［ignore scaling on objects］世界［忽略物体上的缩放］

Local局部

图2-3-29

14.Edit Mesh/Wedge Face
[编辑网格/楔形面]

操作步骤

（1）选择一个面，然后加选一条边。

（2）执行Edit Mesh/Wedge Face [编辑网格/楔形面]，如图2-3-30、图2-3-31所示。

选项设置，如图2-3-32所示。

Select a face and one or more edges on that face：[选择面和面上的一或多条边线]

Wedge will create an arc around the edge [s]：[楔入将创建环绕边线的弧线]

Arc angle：[弧线角度]

Divisions：[分割]

15.Edit Mesh/Duplicate Face [编辑网格/复制面]

操作步骤

（1）选择物体中要复制的面。

（2）执行Edit Mesh/Duplicate Face [编辑网格/复制面] 命令，如图2-3-33a、图2-3-33b所示。

选项设置，如图2-3-34所示。

Separate duplicated faces：分开复制面。

Offset [偏移]

16.Edit Mesh/Detach Component [编辑网格/分离组元]

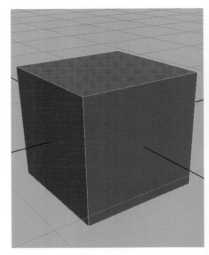

图2-3-30

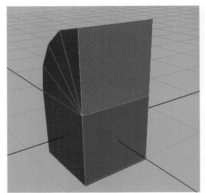

图2-3-31

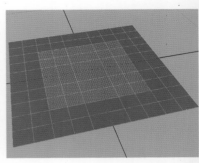

图2-3-33a

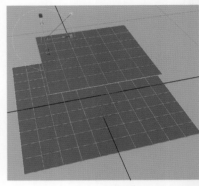

图2-3-33b

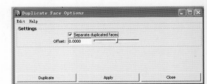

图2-3-34

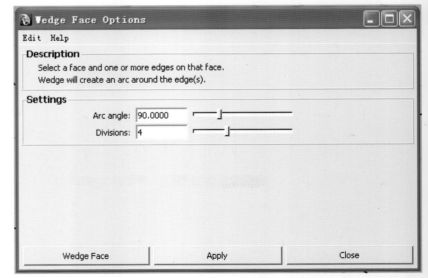

图2-3-32

操作步骤

（1）选择需要进行分割的顶点或边。

（2）执行Edit Mesh/Detach Component［编辑网格/分离组元］命令，如图2-3-35a、图2-3-35b、图2-3-36a、图2-3-36b所示。

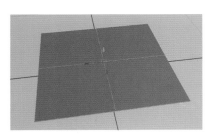

图2-3-35a

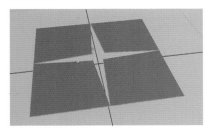

图2-3-35b

17.Edit Mesh/Merge［编辑网格/合并］

操作步骤

（1）选择需要合并的点

（2）执行菜单命令Edit Mesh/Merge［编辑网格/合并］，打开Merge选项设置面板。

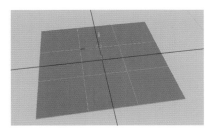

图2-3-36a

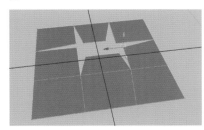

图2-3-36b

（3）在Threshold中的参数值改为2.6446时，单击Merge或Apply。如图2-3-37所示。

在合并点后，可以在通道栏或Ctrl+a打开其属性或在编辑器中对Distance的参数进行调节，如图2-3-38和图2-3-39所示。

选项设置，如图2-3-40所示。

Threshold［阈值］：在执行点合并时，将此参数指定一个极限值，凡距离小于此值的点都会被融合在一起，而距离里大于此值的点却不会对命令作出反应。

Always merge for two vertices［总是融合两顶点］

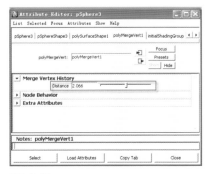

图2-3-38

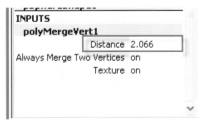

图2-3-39

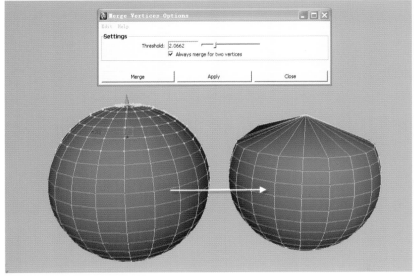

图2-3-37

图2-3-40

这个选项处于勾选状态并且被选择的只有两个顶点时，无论Threshold参数设为多少，都将它们融合在一起。

18.Edit Mesh/Merge To Center [编辑网格/融合到中心]

操作步骤

（1）选择面、边、或多个顶点

（2）执行Edit Mesh/Merge To Center [编辑网格/融合到中心]，如图2-3-41a、图2-3-41b、图2-3-42a、图2-3-42b、图2-3-43b所示。

19.Edit Mesh/Collapse [编辑网格/塌陷]

作用与Merge To Center相似，作用对象为组元面和组元边，可以对多个组元操作。

20.Edit Mesh/Merge Edge Tool [编辑网格/边融合工具]

操作方法

（1）执行Edit Mesh/Merge Edge Tool [编辑网格/边融合工具]

（2）根据命令栏提示，选择要进行融合操作的第一个边界边。如图2-3-44所示。

（3）使用鼠标左键，选择要进行融合操作的第二条边 [紫色] 如图2-3-45所示。

（4）如果选择是对的，可以按键盘上的Enter键融合，如果错误，可以按Backspace键取消选择，然后重新选择其他的边，如图

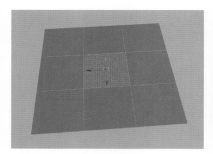

图2-3-41a

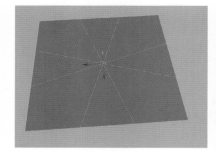

图2-3-41b

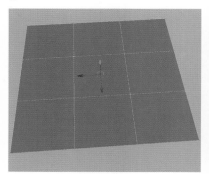

图2-3-42a

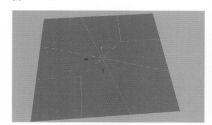

图2-3-42b

2-3-46所示。

选项设置，如图2-3-47所示。

New edge [新边线]

Createde between first and second edge [在第一和第二边线之间

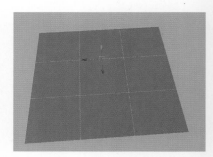

图2-3-43a

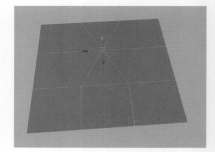

图2-3-43b

图2-3-44

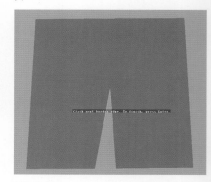

图2-3-45

创建]：系统默认选择此项，选择该项后，新边产生于两条选择边的中

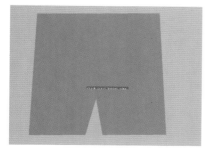

图2-3-46

图2-3-49

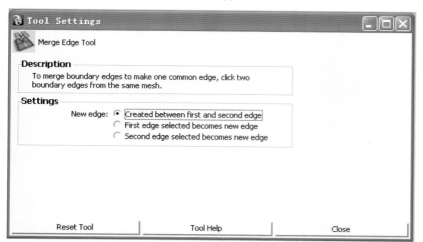

图2-3-47

图2-3-48a

图2-3-48b

间，并且两条选择边都被删除。

First edge selected becomes new edge[首选边作为新边]：选择此项，被选择的第一条边成为新边，第二条边被删除。

Second edge selected becomes new edge [后选边作为新边]：选择此项，选择的第二条边变为新

边，而选择的第一条边被删除。

21.Edit Mesh/ Delete Edge/ Vertex [编辑网格/删除边或顶点]

操作步骤

（1）选择一个或者多个边/顶点。

（2）选择Edit Mesh/ Delete Edge/Vertex [编辑网格/删除边或顶点] 命令。这样顶点就会从多边形几何体中删除掉。如图2-3-48a、如图2-3-48b所示。

22.Edit Mesh/Chamfer Vertex [编辑网格/斜切顶点]

操作步骤

（1）选择多边形的顶点。

（2）执行Edit Mesh/Chamfer Vertex [编辑网格/斜切顶点] 命令。

（3）在通道栏中修改polychamfer节点的width属性，改变切去部分的大小，如图2-3-49所示。

选项设置，如图2-3-50所示。

Replace a vertex with a flat polygon face：[以展平多边形面来置换顶点]

Width：[宽度]

Remove the face after chamfer：[斜切之后移除面]

23.Edit Mesh/Bevel [编辑网格/倒角]

操作步骤

（1）按鼠标右键，从快捷菜单中选择edge项。

（2）点击要倒角的边，然后选择Edit Mesh/Bevel [编辑网格/倒角] 命令。如图2-3-51a、图2-3-51b所示。

选项设置，如图2-3-52所示。

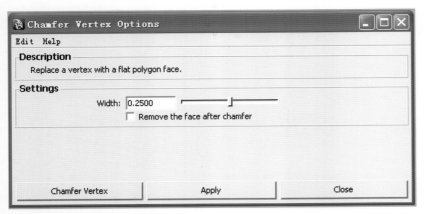

图2-3-50

图2-3-51a

图2-3-51b

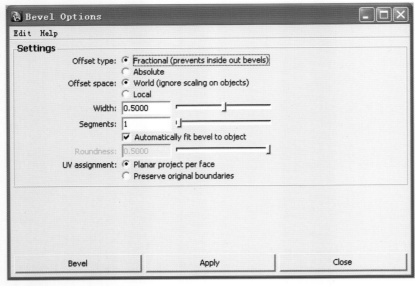

图2-3-52

Offset type [偏移类型]：该选项设置边和面的中心之间的距离，类似于倒角的半径，可以输入值或使用滑块来改变此值。

Fractional (prevents inside out bevels)：[碎片预防内部超出倒角]

Absolute：[绝对]

Offset space：[偏移空间]

World (ignore scaling on objects)：[世界（忽略物体上的缩放）]

Local：[局部]

Width：[宽度]

Segments [分段]：该值决定了倒角边创建的段的数目，使用滑块或输入值即可改变段的数目。默认为1。

Automatically fit bevel to object：[自动适配倒角到物体]

Roundness [圆形]：在默认情况下，Maya会根据物体的几何形状自动创建圆滑的倒角。

24.Edit Mesh/Crease Tool [编辑网格/折边]

操作步骤

（1）选择需要折边的几何体边。

（2）执行Edit Mesh/Crease Tool [编辑网格/折边] 命令。

（3）点击鼠标中键并拖动，如图2-3-53所示。

注：这个工具只能用于使用光滑代理的物体。

选项设置，如图2-3-54所示。

Description [描述]

Set an edge/vertex creas to vary edges/vertices between hard and smooth. Select components,and then MMB-drag.

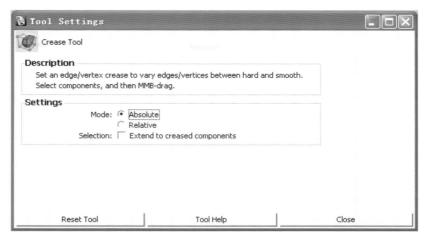

图2-3-54

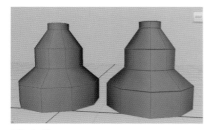

图2-3-53

设置代理边线褶皱，以在硬边线和平滑之间变化代理边线。先选择代理边线，然后点击鼠标中键并拖动。

Mode：[模式]

Absolute：[绝对]

Relative：[相对]

Selection：选定项目

Extend to creased components：[伸展到褶皱的部件]

25.Edit Mesh/Create Crease Set [编辑网格/创建褶皱组]

第四节 ///// 人物设计与分析

对于一部成功的动画片，作为观众，在看完这部动画片之后，留给我们印象最深刻的就是这部动画片中的人物。有时候，甚至忘记了影片的名字却记住了片中人物形象。所以说，动画片中人物形象的塑造成功与否，常常会决定动画片的成败。人物形象的创作是动画片中重要的环节。

造型设计师

造型设计师的重要条件是要能广泛地画好作品指定的每一种人物，也就是说设计师的绘画能力要很有弹性的能应付每一个作品的要求。如果能充分应付制作公司的要求，再加上自己设计的原创人物够吸引人，就能成为众所瞩目的动画造型设计师。

人物造型

人物造型是指动画角色的身形、容貌发型以及表情。原则上，造型设计师必须将角色的全身正面、正侧面和背面，以及角色的不同表情绘制出来。转面造型，是很重要的，因为它显示了人物从各个面看过去的造型，作转面造型时，首先按图形的结构画出人物，然后从其重要的点拉出平行线[这些线与比例线不必一致，然后设计出人物的四分之三侧面、背面、全正面、全背面和全侧面]。如图2-4-1所示。

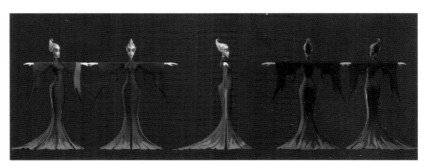

图2-4-1

人物设计1

虽然每一种动作均有特点，但是有些老套的东西还是要的。设计人物最重要的是使人物符合故事要求，另一原则是使人物简单化。围绕着基本形体结构塑造出人物形象。如图2-4-2所示。

当设计人物造型时，可以对基本结构进一步简化，这样可以捕捉人物的"感觉"，原画应该进行松散绘制 [找感觉]，如果你一开始就画细节，那么你画的东西很可能会僵硬。

图2-4-2

人物设计2

（1）可爱型人物，如图2-4-3所示。

可爱型人物有一个大头，小身体，短而丰满的腿和手臂，小手，小脚，脸部特点是五官长得低 [大额头] 小的脸颊，脖子，嘴和鼻子，大眼睛 [眼睛长得很开]。

逗人喜爱型是以一个婴儿的基础比例及其含羞而腼腆的表情为基础的:

头的比例大小

高前额是个重要的特点

眼睛的位置偏下，大眼，而且分得很开

小嘴，小鼻子

小小的耳朵

没有头颈，头和身体直接连接在一起

身体是一个拉长了的梨形

背上的这条线上连后脑，下接臀部

臀部收紧，不要太凸，但要和腿部线条和身体相符合

胖胖的短手臂，近手部略细，小小的手指

肚子凸出，看上去喂养得很好

胖腿小脚，小腿部较细，略细

图2-4-3

（2）滑头型［疯疯癫癫］的人物，如图2-4-4。

疯疯癫癫的人物有一个小头，细颈，拉长的豆子形肚子，长手臂长腿，长脚，趾高气扬的姿态。

在图例中你会发现这些机灵鬼的共同点：

头部太大，略长
细细的头颈
大腿
梨形的身体
夸张的容貌
低前额
小而细的腿

图2-4-4

（3）呆子型［果子形］的人物，如图2-4-5。

呆子型的人物有一个小头盖骨，大狗鼻，有时有龅牙，头架在细颈上，朝前伸拉着肩和眼睛，大肚皮，长而重的腿，长脚。

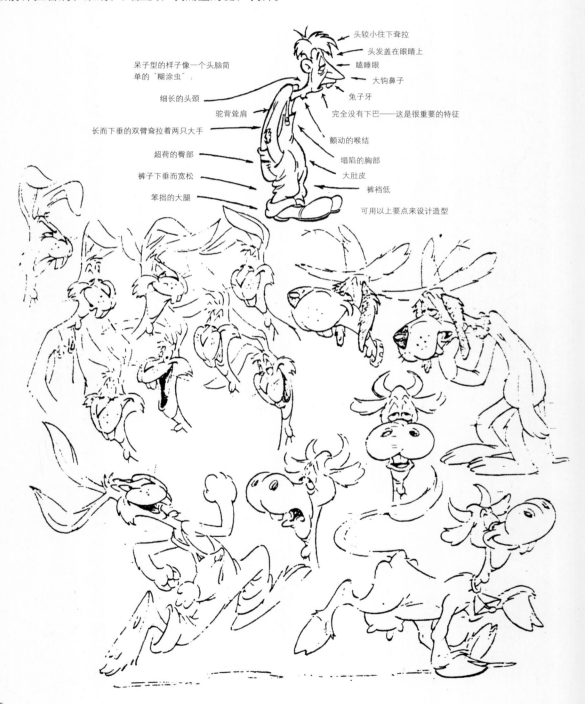

呆子型的样子像一个头脑简单的"糊涂虫"：

细长的头颈

驼背耸肩

长而下垂的双臂耷拉着两只大手

超荷的臀部

裤子下垂而宽松

笨拙的大腿

头较小往下耷拉

头发盖在眼睛上

瞌睡眼

大钩鼻子

兔子牙

完全没有下巴——这是很重要的特征

颤动的喉结

塌陷的胸部

大肚皮

裤裆低

可用以上要点来设计造型

图2-4-5

（4）好斗型，如图2-4-6所示。

好斗型的人物有一个小的头盖骨，无脖子，低前额，大嘴，大下巴，厚嘴唇，小眼长得近，粗眉毛，小鼻子，小眼睛，大桶一样的胸部，小臂，短而弯的腿，小脚，臂长而粗，肩与眼、耳齐平。图2-4-7所示。

上述是画粗汉型的要领，也适用于四条腿的，如熊和斗牛犬。

图2-4-6

图2-4-7

（5）英雄人物，如图2-4-8所示。

英雄人物几乎与好斗型一样的组合，但姿态要高傲些；唇与眉没有那么突出；脚长些，靠在一起；眼睛分得很开；头盖骨不那么小。

图2-4-8

（6）反面人物，如图2-4-9所示。

挤在一起的五官，头前伸通常头的那部分藏在帽子里、领子里，肩耸起，手是皮包骨的，像爪子似的；身体腿瘦而弯曲；长脚；狡猾的皱眉的眼睛；长靴；小耳朵。

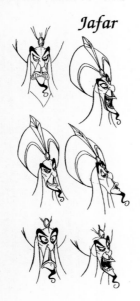

图2-4-9

（7）笨蛋型，如图2-4-10所示。

小头盖骨；长下巴，小眼睛，小鼻子；胖手臂，大手；大的梨形身体；短而胖的腿，小脚；笨拙的姿态。

图2-4-10

人物比例

当确定人物的比例时，大多数公司采用头长作为标准：比例是非常重要的，你可以用你喜欢的方法去定，但是，最要紧的就是所用的方法要使比例定得准确。如图2-4-11所示。

用这种方法设计人物，细节可以被更精确地定位：人物在二分

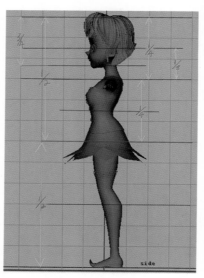

图2-4-11

之一身高等分，然后再等分，再等分，定出的比例即使不精确也会很接近。如图，将人4等分，则头为多段的四分之三高，而眼睛、耳朵、鼻子，可以用二分之一等分线法定位，依此类推。

当人物设计出以后，其比例和结构也定好了，就做出人物造型。

实例——乳牛的制作

制作步骤

（1）创建一个多边形球体[Create/Sphere]，将分段数Subdivisions Axis/Subdivisions Height[细分轴/细分高度]改为8。如图2-4-12所示。

（2）在front视图中用缩放点、线、面的方式将要制作的模型外形调准。然后切换到Side视图调节模型的侧面形体。（确定眼睛、嘴巴、鼻子的位子）如图2-4-13a、图2-4-13b所示。

（3）在front视图中切换到面的模式，选择模型的一半面删除。然后选中模型，然后执行Edit/Duplicata Special[编辑/复制特定]命令，在Duplicata Special Options[复制特定选项]复选框中选择Instance[实体]，在Scale值中改X轴为-1，然后选择Apply[应用]。如图2-4-14所示。

（4）执行 Edit Mesh/Split Polygon Tool[编辑网格/切割多边形]命令，画出脸蛋的形。然后通过移动点做出脸蛋的大形。在用同样的工具加线，移动线的位置，让脸蛋有立体感，如下页图加线，

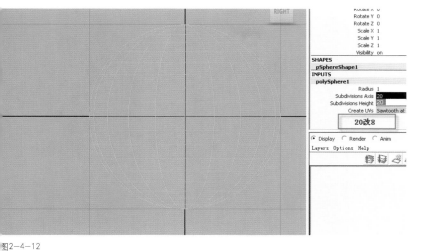

图2-4-12

并调节形体。如图2-4-15和图2-4-16所示。

（5）再画出鼻子的形，然后移动点或线，让整个头部有整体感。如图2-4-17所示。

（6）从顶视图，侧视图，正视图分别通过加线、删线调节出模型的准确形体，再向下一步制作。如图2-4-18，图2-4-19和图2-4-20所示。

图2-4-13a

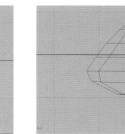

图2-4-13b

图2-4-14

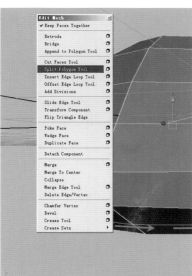

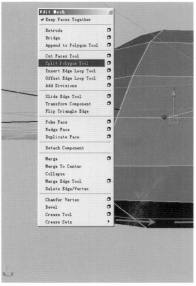

图2-4-16

图2-4-15

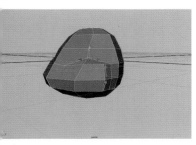

图2-4-16

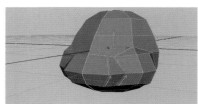

图2-4-17

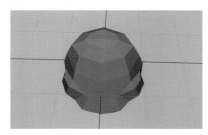

图2-4-18

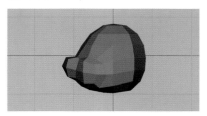

图2-4-19

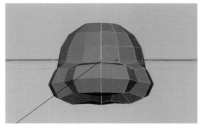

图2-4-20

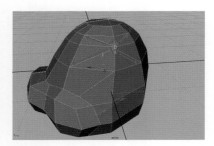

图2-4-21

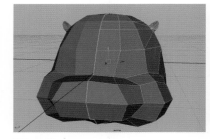

图2-4-26

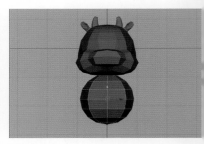

图2-4-28

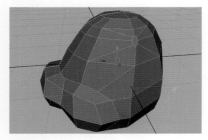

图2-4-22

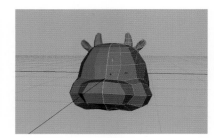

图2-4-27

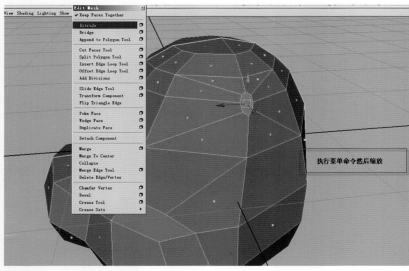

图2-4-23

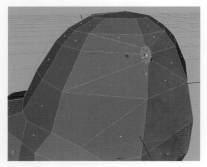

图2-4-24

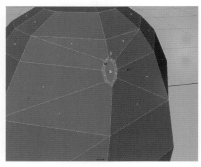

图2-4-25

（7）确定耳朵的位子，用Edit Mesh/Split Polygon Tool [编辑网格/分割多边形工具] 画出耳朵根部的形，加线如图2-4-21所示红色箭头的地方。然后删除黄色圈放射出去的4条边。

（8）调节形体如图2-4-22所示。

（9）选择如图2-4-23中橙色的面，执行Edit Mesh/Extrude [编辑网格/挤出] 工具命令。

（10）缩放出如图2-4-24效果。

（11）选择如图2-4-25中橙色的面，执行Edit Mesh/Extrude [编辑网格/挤出] 工具命令。

（12）移动顶点的位置，做出图2-4-26的效果。

（13）角的做法和耳朵的一样，通过不断地调节模型整体形体，效果如图2-4-27所示。

（14）身体的做法：创建一个多边形球体Create/Sphere,将Subdivisions Axis/Subdivisions Height [细分轴/细分高度] 改为8，在正视图和侧视图分别对点或线进行编辑，做出如图2-4-29效果。

（15）用Edit Mesh/Split Polygon Tool [编辑网格/分割多边形工具] 画出腿的形体，选择刚刚画好的这块面执行Edit Mesh/Extrude [编辑网格/挤出] 工具命令，挤压的同时调节腿部和手臂的形体。如图2-4-30、图2-4-31所示。

（16）选择腿上的点执行点对齐。双击 图标，在弹出的对话框中把Retain component spacing [保留部件间隔] 的勾去掉，如图2-4-32所示。然后按住键盘上的X键，鼠标左键上下移动Y轴。如图2-4-33a、图2-4-33b所示。

（17）脚的做法：在腿的下面画出两个脚丫，然后去掉EditMesh/Keep Faces Togetherg [编辑网格/保持面的连接] 的勾选让其不保持面的连接。如图2-4-34所示，然后在执行Edit Mesh/Extrude [编辑网格/挤出] 工具命令，如图4-35所示，向下移动Y轴到一定位置，如图2-4-36所示。

（18）通过加线，删线让模型布线合理，如图2-4-37所示。

（19）手的做法和脚一样，如图2-4-38所示。

图2-4-29

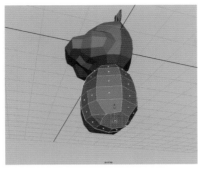

图2-4-30

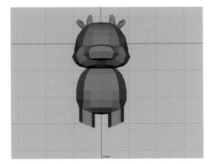

图2-4-31

图2-4-32

图2-4-34

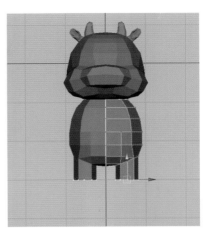

图2-4-33a

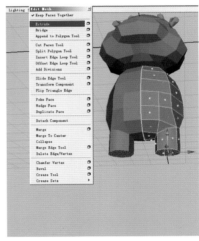

图2-4-35

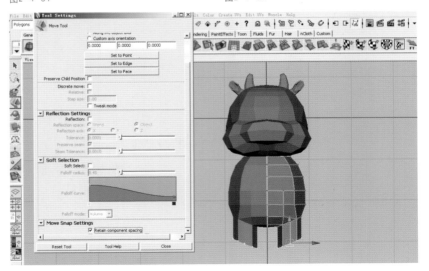

图2-4-33b

图2-4-36

图2-4-37

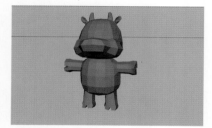

图2-4-38

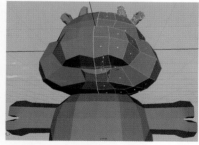

图2-4-39

图2-4-40

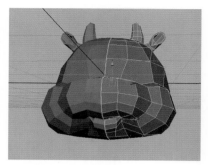

图2-4-41

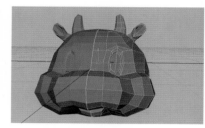

图2-4-42

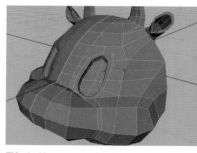

图2-4-44

（20）画出嘴巴的形，然后执行Edit Mesh/Extrude [编辑网格/挤出] 工具命令，如图2-4-39所示。

（21）多次执行Edit Mesh/Extrude [编辑网格/挤出] 工具命令，挤出口腔的形体。如图2-4-40所示。

（22）嘴巴的最终效果，如图2-4-41所示。

（23）先加线画出眼睛的形，然后执行Edit Mesh/Extrude [编辑网格/挤出] 工具命令。如图2-4-42所示。

（24）执行Edit Mesh/Insert Edge Loop Tool [网格/插入环形切分线工具]。加线如图2-4-43、图2-4-44所示。

（25）调节眼睛的形体如图2-4-45所示。

（26）整理布线如图2-4-46所示。

（27）最终效果如图2-4-47所示。

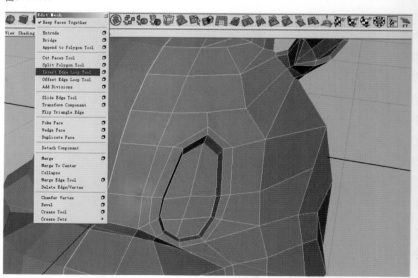

图2-4-43

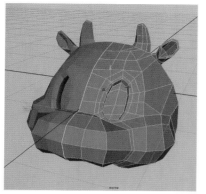

图2-4-45

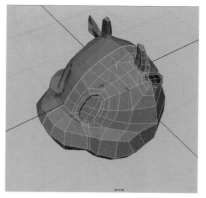

图2-4-46

图2-4-47

第五节 //// 布线原理

一．在制作人物头像模型之前我们先了解一下布线原理以及模型的结构

1.关于面部布线

面部布线其目的在于塑造形体和表情制作。人物的情绪及内心的各种不同的心理活动，主要是通过面部表情来表现。而面部变化最丰富的地方是眼部［包括眉毛］和嘴部，其他部位则相应的会受这两部分影响而变化。对于面部表情，必须把整个面部器官结合起来分析。单纯只有某一部分的表情不能够准确表达人物的内心活动。制作人物头像模型时要清楚地分析理解面部肌肉的走向分布以及其收缩或舒展情况，才能把握面部模型的布线。

2.怎样才能做到合理且足够的布线

布线的目的是为了塑造结构，其中一部分线是结构线；另一部分线则是做面部表情所需，两者都必不可少［动画人物建模的特点——人物表情布线，这是其他形式的建模所没有的］。建模开始的布线全是结构线，在形体不准，不好的情况下，千万别添加多余的线。每做一步都要想到这条线起的是什么作用，尽量把这条线的位置放准确，再进行下一步操作。制作模型如果不考虑结构的准确和形体的美观而急于布线或考虑布线的美观，那么你的模型即使布线很合理很美观也是一个失败的模型。别人看了只会说这个人很会布线，不会说他会做模型。那么我们怎样布线呢？下面我将通过以下几点来讲述合理的布线方法。

（1）要想合理布好线，布线的方式一定要与肌肉的走向相符合，否则很难表达出你想要的表情。

（2）不要怕麻烦，怕布线太多，如果没有足够的控制点，那么我们制作表情时将会遇到很大的麻烦——表情肯定做不到位。

（3）必须对模型设置、动画有一定的了解，也就是要知道运动原理和方式，才能控制好表情目标体模型的度。如图2-5-1所示。

A.如果一个模型布线合理，那么视觉上也是合理的。

布线是顺从肌肉和结构的。整体看来都是绕结构以圈的形式分部，成放射状。如图2-5-2所示。

B.在布线时需要注意鼻唇沟的位置。

鼻唇沟起于嘴角外测脸颊，终于鼻头软骨上端。怎样确定这一块线的密度呢？使其达到满足鼻唇沟变形隆起的需要。使之能达到饱满

图2-5-1

的形体。这几条线必不可少，缺少则无法做笑的表情。如图2-5-3所示。

C.嘴角的活动范围大，很多表情需要嘴角表现。

按照嘴巴的结构，嘴角的布线向口腔里面转，嘴角需要足够的线来搭建，才能做出需要的表情。如图2-5-4所示。

D.脸颊5星点。

这个5星点产生的原因是眼部环状眼轮匝肌和环状的口轮匝肌布线的交会点。把这个点放在需要移动点最少的位置（最好放置颧骨——面部表情制作时这个点影响最小）。如图2-5-5所示。

E.脸侧的布线。

应该遵循下颌骨的方向和咬肌的方向进行布线。因为我们人物的表情需要下颌骨动画和blend动画一起配合使用。如图2-5-6所示。

3.人体建模的常见问题

头部

（1）分割线

颞线——眉弓——颧骨——口轮匝肌——下颚，这是一条连贯的线，这条线起着一个转折的作用，它用来分割颅骨的正面和侧面，在做模型的时候一定要尽量认真地做好这条线，颅骨的大型体特征才能得以体现，如图2-5-7所示。

（2）眼轮匝肌

眼睛是心灵的窗户，眼睛周围的结构又是一个很容易出现问题的区域，最常见的莫过于眼睑，上下眼睑是包裹眼球生理结构，很

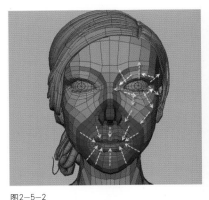

图2-5-2

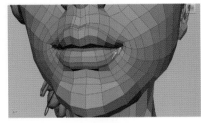

图2-5-3

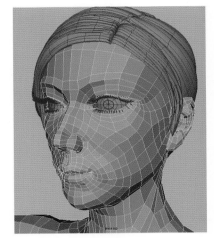

图2-5-4

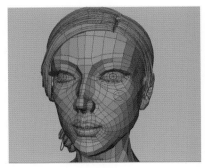

图2-5-5

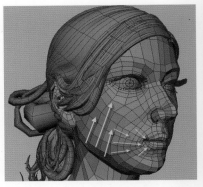

图2-5-6

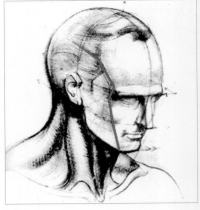

图2-5-7

多朋友都忽视了它，做完眉弓，一个凹陷，直接就做眼睛了（红色部分为眼睑的参考结构）做的时候注意中国人的眼睛与外国人的眼睛两者之间的特点，外国人的眼睛比较凹陷，眉弓很突出，如图2-5-8所示。

（3）眼睛

眼睛以脂肪为垫子，位于眼窝内。眼睛的前端有一个泪腺，也就是眼角，注意它的走向，是向下的。外眼角是上眼皮盖着下眼皮，走向因人而异，也因人长得不同，有个体差异。眼睛上眼皮的弧度和下眼皮的弧度略有不同。另外注意，眼睛因为包裹的眼球是球体，

所以从上面往下看眼皮时，眼皮应该成弧形的，不要只顾正视图做眼睛，把眼睛的弧度做没了，旋转到各种角度去观察，看它是否呈弧形，如图2-5-9所示。

注：选自伯里曼人体结构

（4）眉弓

在做真人头像模型时，很多人往往做好了眼睛和额头，却发现没有眉弓，不要小看一个小凸起，如果你觉得你做的头模缺少骨感，那一定是少了这个重要骨点，眉心——眉弓。侧面看如图2-5-10所示。

注：选自伯里曼人体结构

（5）胸锁乳突肌

胸锁乳突肌，形成了颈部前面的平面。这是一整块肌肉，也是连接头部、颈部、胸部的重要肌肉，他起源于耳朵的后部，主干连接在锁骨的前端，做出这块肌肉，脖子的大感觉就出来不少了，所以它非常的重要。经常有人做完了这一块肌肉，却发现这一块肌肉是单独长在一边的，与脖子没有什么联系，在做这一块肌肉时首先应确定好脖子的位置与形体，然后在其脖子的这个圆柱体上刻出来。如图2-5-11所示。

注：选自伯里曼人体结构

（6）嘴部

嘴部需要注意的部分是上唇突起［蓝色圈］，一般情况上唇比下唇要薄，嘴角处注意，有一个凹陷［红色圈］，在做完嘴唇的时候，唇部的边缘用倒角来做一下处理，用以表现唇部边缘圆润的过渡，没有

这个倒角，一个线的话，不圆滑的时候会过于尖锐，不够真实，圆滑以后又会过于圆滑，失去了唇部美丽的线条。如图2-5-12所示。

注：选自伯里曼人体结构

（7）耳朵

耳朵位于头部的侧面，形状是不规则的。一般最容易出现问题的是耳朵的位置和大小比例错误。耳朵的位置（如图2-5-13所示），起码以后定位的时候心里有数，再次强调绘画基础的重要，有的时候重要的并不是你会不会画，而是你是否掌握绘画艺术科学的观察方法。

注：选自伯里曼人体结构

（8）锁骨

锁骨是成角度的，很多人在做的时候经常做成一条直线，你可以任意地在人体上找，是找不到一条平直的直线的，人体的美正在于曲线的韵律感。如图2-5-14所示。

图2-5-8

图2-5-9

图2-5-10

图2-5-11

图2-5-12

图2-5-13

图2-5-14

(9) 手部

①各个手指的长度比例错误，相对于手掌以及大拇指来说，比例统一的普遍不够好，这个问题要在制作大型体的时候就用跳跃的眼光，来互相协调好，不要回头再调整比列问题，很难修改。

②食指——小拇指四指做成一条直线，手掌做成铲子状，四指应该是拱形的，比较放松的状态。

③手和手臂做成一条直线，很呆板，我们的手用很大力气才能和小臂形成180°的角度，大多数时候是放松自然下垂的，正因为我们要用很大力气做到这个姿势，如果你的模型做成直线手臂，看起来就会很呆板，不容易放松。

④大拇指的方向与其他手指的方向有所区别。如图2-5-15所示。

注：选自伯里曼人体结构

(10) 股直肌

大腿的股直肌走向是很明显的，髋关节外侧向膝关节内侧，这个斜向的走势一般会修改布线来塑造这条很有性格的肌肉，尤其是做肌肉男性，做女性的时候尤其是比较弱的女性，可以忽略 [蓝色表示股直肌]。如图2-5-16所示。

(11) 鼻子

鼻子只有鼻梁和眉心的位置有一块硬骨，剩下的组织大多由肌肉和软骨组成。鼻子是半镶嵌在脸部的，为什么这么说呢，绝大多数人把鼻子做得完全镶嵌在脸部，从脸蛋的侧面看，都有了一个凹陷。还有的完全突出于脸部，以至于

没有了鼻翼和脸部的那两条弧线，但是这两条弧线勾勒出了口轮匝肌肉的轮廓，是一条重要的结构线。下面这张图像表达的意思如下图2-5-17所示。

鼻子"半镶嵌"在脸部，侧面看能够看到脸蛋的弧线 [蓝色]。

鼻翼并不是水平的，是一条斜线 [红色]。

鼻翼在侧面类似一个三角形 [黄色]。

这张图反映的问题是很常见的，因为很多人都很重视五官，但是对五官之间的衔接却了解不够透彻。

图2-5-18是鼻子的仰视图，可以看到鼻子和下面的上唇是弧形衔接的，很多人都会做成一条直线，重复那句话，在人体中很难找到一条直线。

以上所说的这些，在做模型的时候都会一边做一边不停地想，这都是做真人头像所需要注意的重点。

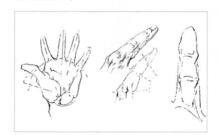

图2-5-15

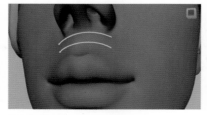

图2-5-18

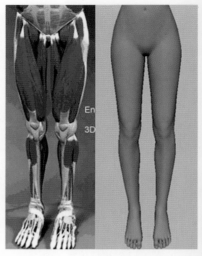

图2-5-16

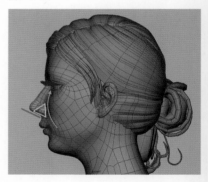

图2-5-17

第六节 //// 综合实例

一、头部的制作

1.导入正面图片，首先按住键盘上的空格键加鼠标右键选择Front View，切换到Front View [正视图]。

2.执行View/Image Plane/Import Image [视图/图像平面/导入图片] 命令。

3.找到人物正面图片导入Front View [正视图]。

4.执行Window/Outliner [窗口/大纲] 命令。

5.在大纲中选择Front，如图2-6-1所示。

6.在右边通道栏下点选Image Plane1并修改图片的放置位置和图片大小，将图2-6-2的数据改为图2-6-3的数据。

7.在大纲中双击Front，然后在属性栏中选择Looking through camera [通过摄像机观察]，如图2-6-4所示。

8.按住空格键加鼠标右键选择Side View，切换到侧视图。

9.执行View/Image Plane/Import Image [视图/图像平面/导入图片] 命令，如图2-6-5所示。

10.找到人物侧面图片导入 [Side View] 侧视图。

11.在大纲中选择Side，如图2-6-6所示。

12.在右边通道栏下点选Image Plane2并修改图

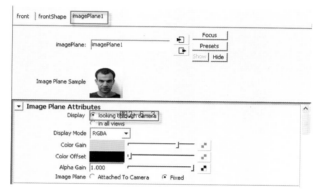

图2-6-4

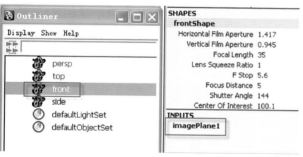

图2-6-1

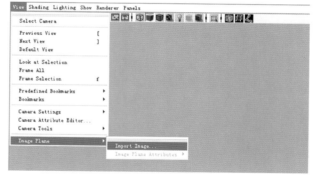

图2-6-5

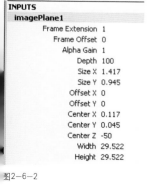

图2-6-2　　　　图2-6-3

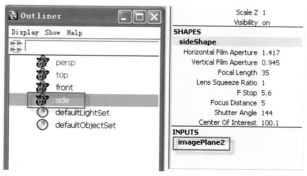

图2-6-6

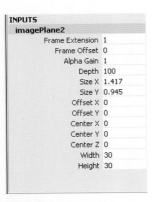

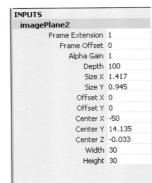

图2-6-7 图2-6-8

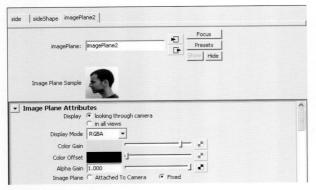

图2-6-9

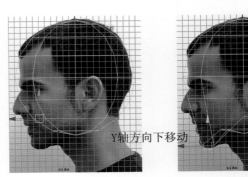

图2-6-13

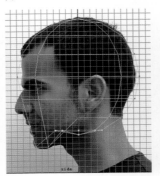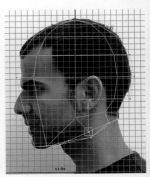

图2-6-14

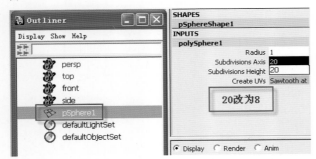

图2-6-10

图2-6-11 图2-6-12

片的放置位置和图片大小，将图2-6-7的数据改为图2-6-8中的数据。

13.在大纲中双击Side，然后在属性栏中选择Looking through camera [通过摄影机观察]，如图2-6-9所示。

14.执行菜单命令Create/Polygon Primitives/Sphere [创建/多边形基本几何体/球]。

15.选择球，在通道栏中将Subdivisions Axis [细分轴] /Subdivisions Height [细分高度] 的值改为8，如图2-6-10所示。

16.在大纲中选择pSphere1按下键盘上的R键，然后按鼠标中键左右移动，使得整体缩放球体；按下键盘上的W键，向上移动Y轴，如图2-6-11所示位置。

17.按住空格键加鼠标右键选择Front View切换到正视图，X轴方向左右缩放。

18.鼠标右键选择Vertex，进入顶点选择模式。

19.调节顶点的位置，如图2-6-12所示。

20.按住键盘上的空格键加鼠标右键，选择Side

View，切换到side视图。

21.鼠标右键选择Edge，进入边的编辑模式。

22.框选图2-6-13所示的线条延Y轴方向下移，这条线确定下巴的位置。

23.鼠标右键选择Vertex，进入顶点的编辑模式。

24.选择的编辑点旋转、缩放并移动到脖子放置的位置，如图2-6-14所示。

25.选择底部的点执行菜单命令Edit Mesh/Delete Edge/Vertex [编辑网格/删除边/点] 命令。如图2-6-15所示。

26.鼠标右键选择Face，进入面的编辑模式。

27.选择底部的面，执行Edit Mesh/Extrude [编辑网格/挤出] 命令，然后用操作手柄控制向Z轴方向移动，挤压出脖子，如图2-6-16所示。

28.切换到顶点编辑模式，对图调节头部的外形。

29.切换到front [正视图] ，选择图2-6-17中顶点，X轴方向缩放并Y轴上下移动，确定好下巴的宽度。

30.执行Edit Mesh/Insert Edge Loop Tool [编辑网格/环形切分工具] 命令，然后在眼睛中线的位置加线。用来制作眼眶。如图2-6-18所示。

31.切换到透视图，鼠标右键选择Edge进入边的编辑模式， 选择图2-6-19中的线，按键盘上的Delete键删除或执行菜单命令Edit Mesh/Delete Edge/Vertex。

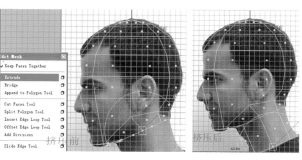

图2-6-16

图2-6-17

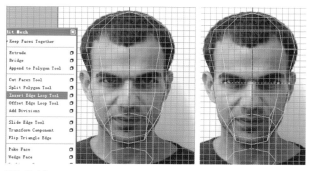

图2-6-18

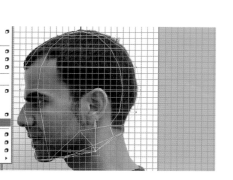

图2-6-15

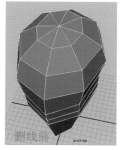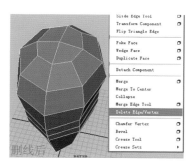

图2-6-19

32.切换到正视图，鼠标右键选择Face，然后在框选模型的一半，直接按Delete键删除。选择模型执行菜单命令Edit/Duplicate Special［编辑/复制］命令。在弹出的对话框中选择Instance［关联］，缩放X轴的值改为-1，点Apply.［使用］完成操作。如图2-6-20所示。

33.选择以下顶点移动到鼻子底部，确定鼻子底部位置。如图2-6-21所示。

34.执行菜单命令Edit Mesh/Split Polygon Tool［编辑网格/分割多边形］命令，然后回车结束操作。加线，画出鼻子的宽度、鼻梁的宽度。如图2-6-22所示。

35.切换到side［侧视图］，移动点确定鼻子的高度位置。如图2-6-23所示。

36.选择眼睛部位的线向Z轴方向右移动，确定眼睛的位置。如图2-6-24所示。

37.执行Edit Mesh/Split Polygon Tool［编辑网格/分割多边形］命令，然后沿Z轴方向移动位置如图2-6-25，固定脸蛋的形状。

38.执行菜单命令Edit Mesh/Split Polygon Tool［编辑网格/分割多边形］命令，加线如图2-6-26，画出下颌骨的位置。然后调节顶点做出下巴厚度。

39.执行菜单命令Edit Mesh/Split Polygon Tool［编辑网格/分割多边形］命令，加在眼睛中线位置并向Z轴方向外移动，使其在圆弧线上面。

40.执行菜单命令Edit Mesh/Split Polygon Tool［编辑网格/分割多边形］命令，加线如图2-6-27，并向X和Z轴方向移动做出鼻梁的宽度。

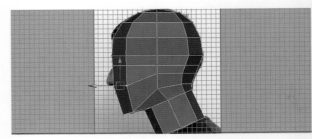

图2-6-21

图2-6-22

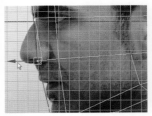

图2-6-23

图2-6-24

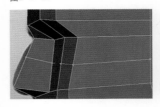
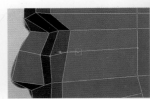

图2-6-25

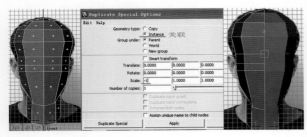

图2-6-20

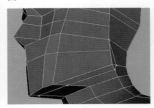

图2-6-26

41.执行菜单命令Edit Mesh/Split Polygon Tool [编辑网格/分割多边形] 命令，加线如图2-6-28，画眼睛的形。

42.编辑点调节如图2-6-29效果。

43.执行菜单命令Edit Mesh/Split Polygon Tool [编辑网格/分割多边形] 命令，如图2-6-30加线。加线时左图的绿点与右图红点标记的位置对好位，确定嘴唇的厚度和宽度。

44.加线并调节顶点如下左图到右图变化。如图2-6-31所示。

45.鼻翼的做法，执行菜单命令Edit Mesh/Split Polygon Tool [编辑网格/分割多边形] 命令，加线如图2-6-32所示，确定鼻翼的高度。

46.如图2-6-33加线并向X轴方向移动，做出鼻翼的厚度，注意从底面观察鼻子的形体。

47.执行菜单命令Edit Mesh/Split Polygon Tool [编辑网格/分割多边形] 命令，加线做出鼻翼的顶面，如图2-6-34，加线并调节顶点位置。

48.加线，然后从侧面调节顶点，如图2-6-35所示。

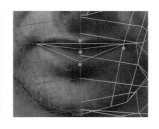

图2-6-30

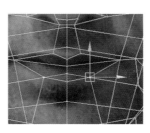

图2-6-31

图2-6-32

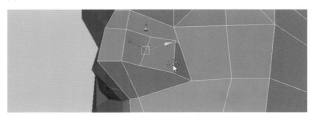

图2-6-33

图2-6-27

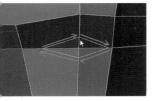

图2-6-28

图2-6-29

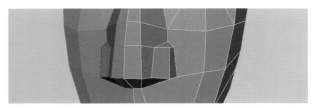

图2-6-34

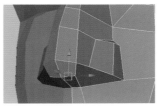

图2-6-35

49.执行菜单命令Edit Mesh/Split Polygon Tool [编辑网格/分割多边形] 命令，画出眉弓和下眼睑的形体，如图2-6-36中红色箭头标示的边，删除黄色箭头标示的边。

50.从正视图和侧视图分别调节形体，如图2-6-37所示。

51.执行菜单命令Edit Mesh/Split Polygon Tool [编辑网格/分割多边形] 命令，如图2-6-38中加边在红色箭头标示的方向，删除黄色箭头标示的边。

52.从正视图对图调节顶点或边的位置，如图2-6-39a、图2-6-39b所示。

53.在侧视图调节顶点，如图2-6-40所示。

54.选择Edit Mesh/Split Polygon Tool [编辑网格/分割多边形] 命令，如图2-6-41中在红色箭头标示的位置加线。

55.参考图片调节出嘴部的结构，如图2-6-42所示。

56.选择Edit Mesh/Split Polygon Tool [编辑网格/分割多边形] 命令，如图2-6-43中在红色箭头标示的方向加线，删除黄色部位标示的边。做出鼻唇沟，这样布线有助于做笑的表情。如图2-6-43所示。

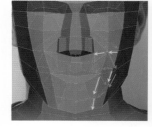
图2-6-38

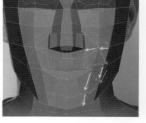
图2-6-39a

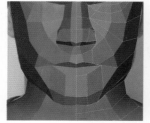
图2-6-39b

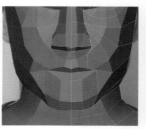

图2-6-40

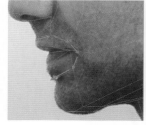
图2-6-41

图2-6-42

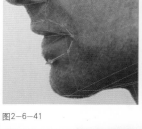
图2-6-43

图2-6-44

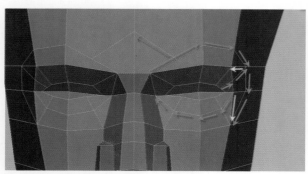
图2-6-36

图2-6-37

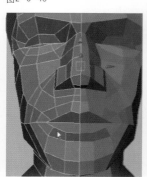
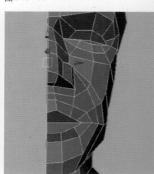
图2-6-45

57.调节顶点使得鼻唇沟变形隆起。如图2—6—44所示。

58.选择图2—6—45中左边图片的模型删除，然后选择下面右图模型，执行菜单命令Mesh/Mirror Geometry [网格/镜像] 命令。

59.进入镜像设置窗口，在对话框中选择—X轴，勾选Merge with the original，然后点击Mirror [镜像]。如图2—6—46所示。

如果模型有很多点结合在一起的话，在右边的属性栏中点开INPUTS/PolyMirror1，改Merge Threshold的值为0.001。在这里不用改该数值。如图2—6—47所示。

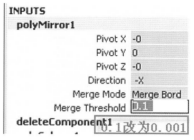
图2—6—47

二、嘴巴的制作

1.选择嘴部的面。检查菜单命令Edit Mesh/Keep Faces Together [编辑网格/保持面的连接] 处于勾选状态。执行菜单命令Edit Mesh/Extrude [编辑网格/挤出]，如图2—6—48所示。

2.用操作手柄控制挤压效果，如图2—6—49所示。

3.执行菜单命令Edit Mesh/Extrude [编辑网格/挤出] 移动、旋转并移动点和边得到的效果，如图2—6—50所示。

4.选择唇线，执行Edit Mesh/Bevel [编辑网格/倒角] 命令，这样可以使得唇线突出。不加倒角，不圆滑的时候会过于尖锐，不够真实，圆滑以后又会过于圆滑唇线不能突出来。如图2—6—51所示。

三、眼睛的制作和布线

1.执行菜单命令Edit Mesh/Split Polygon Tool [编辑网格/分割多边形] 命令，如图2—6—52中在红色箭头标示的方向加线，删除黄色部位标示的边。然后调节红色标示的顶点位置。

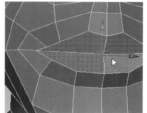
图2—6—48

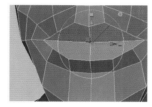

图2—6—49

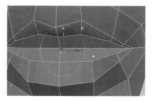

图2—6—50

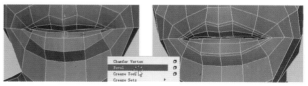
图2—6—51

图2—6—46

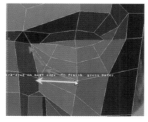

图2—6—52

2.执行菜单命令Edit Mesh/Split Polygon Tool [编辑网格/分割多边形] 命令，如图2-6-53中在红色箭头标示的方向加线，删除黄色部位标示的边。

3.调节顶点或边做出眉弓和下眼睑的厚度，如图2-6-54所示。

4.执行菜单命令Edit Mesh/Split Polygon Tool [编辑网格/分割多边形] 命令，如图2-6-55中在红色箭头标示的方向加线，删除黄色部位标示的边。

5.选择图2-6-56中的边，向Z轴方向内推，做出上眼皮，然后移动加线部位的顶点或边调整眼部结构。

6.执行菜单命令Edit Mesh/Split Polygon Tool [编辑网格/分割多边形] 命令，从额头加线到脸颊，眉弓外侧加线到头顶，然后向X轴方向移动顶点使其在头部的圆弧线上。如图2-6-57所示。

7.执行菜单命令Edit Mesh/Split Polygon Tool [编辑网格/分割多边形] 命令，加线如图2-6-58左边图像，调节出咬肌的形体。

8.整理模型的布线，如图2-6-59所示。

9.把额头中间的线连到头顶的位置，然后向Z轴方向移动到如图2-6-60右边图像的位置。

10.整理模型布线，如图2-6-61所示。

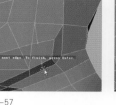

图2-6-57

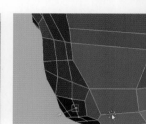

图2-6-58

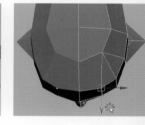

图2-6-59

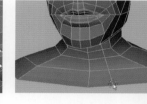

图2-6-60

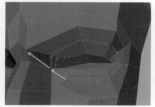

图2-6-53

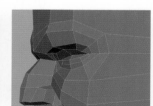

图2-6-54

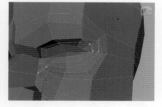

图2-6-55

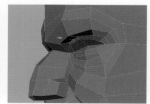

图2-6-56

图2-6-61

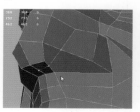

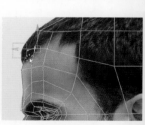

图2-6-62

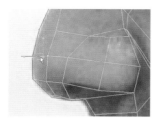

图2-6-63

四、鼻子的制作

1.执行菜单命令Edit Mesh/Split Polygon Tool [编辑网格/分割多边形] 命令，加线，向Y轴方向移动，编辑出鼻头的形体，如图2-6-62所示。

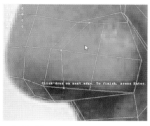
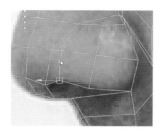

图2-6-64

2.执行菜单命令Edit Mesh/Split Polygon Tool [编辑网格/分割多边形] 命令，加线，分别向Z轴方向和X轴方向移动，编辑出鼻头的外形和鼻翼的厚度。如图2-6-63所示。

3.这里的加线是为了加强鼻翼和鼻头的结构。如图2-6-64所示。

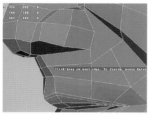
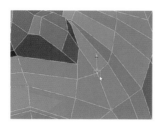

图2-6-65

4.如图2-6-65加线，避免五变形的出现。

5.选择鼻孔的面，执行Edit Mesh/Extrude [编辑网格/挤出] 命令，如图2-6-66所示。

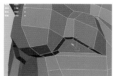

图2-6-66

6.整理鼻翼的布线，如图2-6-67所示，删除图中右边图像选中的边。

五、嘴角的塑造

1.执行菜单命令Edit Mesh/Split Polygon Tool [编辑网格/分割多边形] 命令，加线如图2-6-68左图，然后把嘴角向上提高。

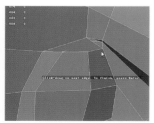
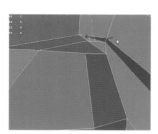

图2-6-67

2.把嘴角的这条边向内推，因为嘴角是向内转的。如图2-6-69所示。

3.执行菜单命令Edit Mesh/Split Polygon Tool [编辑网格/分割多边形] 命令，加线如图2-6-70左图，然后把嘴角向上提高。

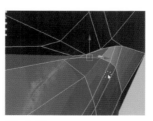
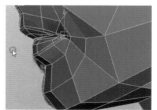

图2-6-69

图2-6-68

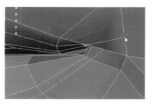
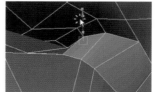

图2-6-70

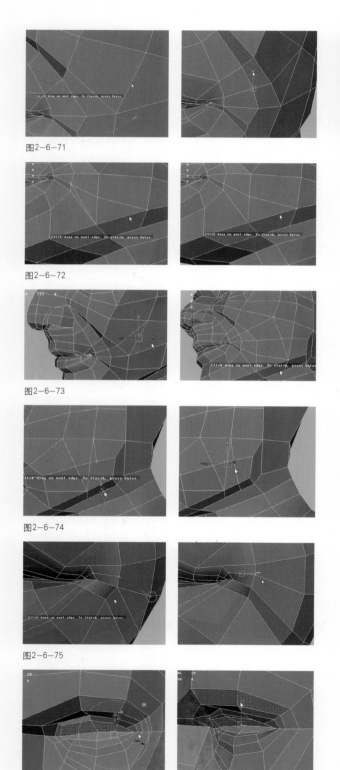

图2-6-71

图2-6-72

图2-6-73

图2-6-74

图2-6-75

图2-6-76

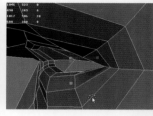

图2-6-77

4.执行菜单命令Edit Mesh/Split Polygon Tool [编辑网格/分割多边形] 命令，加线如图2-6-71左图，调节形体如图2-6-71所示。

5.执行Edit Mesh/Split Polygon Tool [编辑网格/分割多边形] 命令，加线如图2-6-72左边图像绿点的路径，然后删除红色线标示的边。

6.删除图2-6-73左图中的橙色边，执行Edit Mesh/Split Polygon Tool [编辑网格/分割多边形] 命令，加线如图2-6-73右图所示。

7.咬肌的布线如图2-6-74加线，选中橙色的边删除。

8.从口腔内加线，结束到红色圈点的位置。然后不断修改形体达到结构准确。如图2-6-75所示。

六、眼睛的塑造

1.眼睛同嘴唇一样操作，执行菜单命令Edit Mesh/Extrude [编辑网格/挤出]，用操作手柄控制挤压出眼睑厚度的一个平面，如图2-6-76所示。

2.再次挤压并调节顶点或边的位置，得到如图2-6-77效果。

3.执行菜单命令Edit Mesh/Extrude [编辑网络/挤出]，最终做出眼睑的厚度。如图2-6-78所示。

4.执行菜单命令Edit Mesh/Split Polygon Tool [编辑网格/分割多边形]，调节形体如图2-6-79所示。

5.执行菜单命令Edit Mesh/Split Polygon Tool [编辑网格/分割多边形]，然后沿X轴方向移动，做出眉弓的厚度，如图2-6-80所示。

6.执行菜单命令Edit Mesh/Split Polygon Tool [编辑网格/分割多边形]，分别在图一、图二绿点路径地方加线。然后调节顶点把眉弓与鼻子的结构突出出

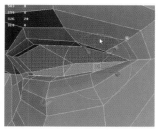
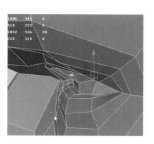

图2-6-78

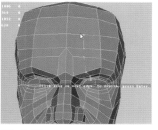
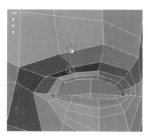

图2-6-79

来。如图2-6-81所示。

7.执行菜单命令Edit Mesh/Split Polygon Tool [编辑网格/分割多边形]，做出内眼角的形，如图2-6-82所示。

8.执行菜单命令Edit Mesh/Split Polygon Tool [编辑网格/分割多边形]，加线避免三角面的产生，在对其调节顶点位置。如图2-6-83所示。

9.执行菜单命令Edit Mesh/Split Polygon Tool [编辑网格/分割多边形]，加线避免三角面的产生，在对其调节顶点位置，使眉弓的形体更准确。如图2-6-84所示。

10.执行菜单命令Edit Mesh/Split Polygon Tool [编辑网格/分割多边形]，加线避免三角面的产生并调整形体。如图2-6-85所示。

11.执行菜单命令Edit Mesh/Split Polygon Tool [编辑网格/分割多边形]，加线避免三角面的产生，然

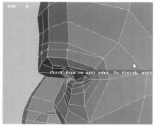
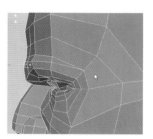

图2-6-80

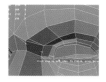
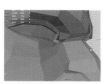

图2-6-81

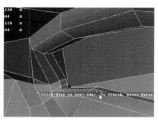
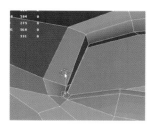

图2-6-82

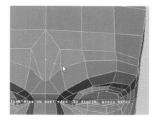
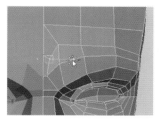

图2-6-84

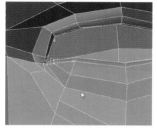

图2-6-85

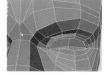

图2-6-83

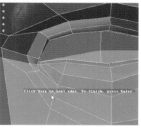
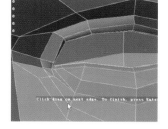

图2-6-86

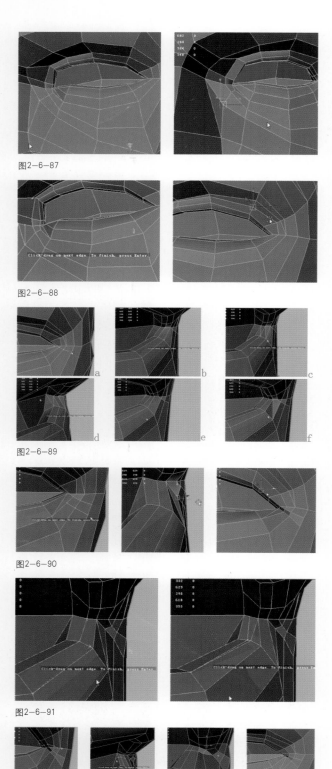

图2-6-87

图2-6-88

图2-6-89

图2-6-90

图2-6-91

图2-6-92

后执行菜单命令Edit Mesh/Delete Edge/Vertex，删除红线标记地方的边。如图2-6-86所示。

12.执行菜单命令Edit Mesh/Split Polygon Tool [编辑网格/分割多边形]，并拖动下图点的位置，表示眼袋的结构线，如图2-6-87所示。

13.执行Edit Mesh/Split Polygon Tool [编辑网格/分割多边形] 命令，用来分别眼睑与眉弓的结构，如图2-6-88所示。

14.执行菜单命令Edit Mesh/Split Polygon Tool [编辑网格/分割多边形] 命令，a图中画出眼尾的位置，b、c、d、e、f的边分别向内走，这样转就可以让上眼角包住下眼睑了。如图2-6-89所示。

15.执行菜单命令Edit Mesh/Split Polygon Tool [编辑网格/分割多边形]，做上眼睑的厚度。如图2-6-90所示。

16.执行菜单命令Edit Mesh/Split Polygon Tool [编辑网格/分割多边形]，分别加在两图绿点路径地方。然后执行菜单命令Edit Mesh/Delete Edge/Vertex。如图2-6-91所示。

17.执行菜单命令Edit Mesh/Split Polygon Tool [编辑网格/分割多边形]，分别加在两图绿点路径地方。然后调节形体如后面两图效果。如图2-6-92所示。

18.执行菜单命令Edit Mesh/Split Polygon Tool [编辑网格/分割多边形]，做出这个人物下眼睑肥厚型眼袋的特点。删除后图中选择的边。如图2-6-93所示。

19.执行菜单命令Edit Mesh/Split Polygon Tool [编辑网格/分割多边形]，分别加在两图绿点路径地方。如图2-6-94所示。

20.执行菜单命令Edit Mesh/Split Polygon Tool [编辑网格/分割多边形]，分别加在两图绿点路径地方，并删除多的边，以形成四边面。如图2-6-95所示。

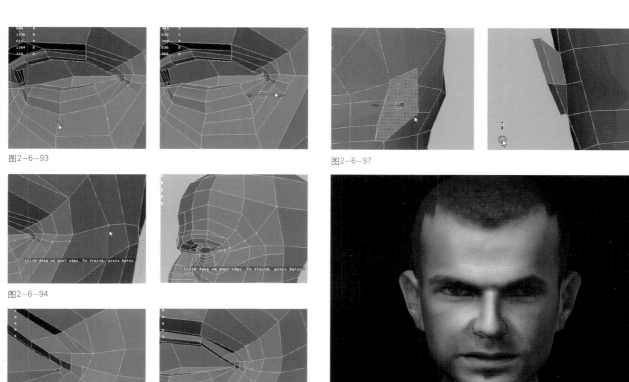

图2-6-93

图2-6-97

图2-6-94

图2-6-95

图2-6-98

七、耳朵的制作

1.执行Edit Mesh/Split Polygon Tool [编辑网格/分割多边形] 命令，画出耳朵的基本形体。

2.执行Edit Mesh/Extrude [编辑网格/挤出] 命令，然后调节出下面第三图效果。如图2-6-96所示。

3.再次执行Edit Mesh/Extrude [编辑网格/挤出] 命令，然后调节出效果。如图2-6-97所示。

最终效果：如图2-6-98所示。

[复习参考题]

◎ 卡通人物模型制作、人体模型制作、场景模型制作。

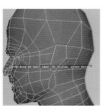

图2-6-96

第二章 角色设置

本章提示《《
角色装配的各种技术。

学习目标《《
了解角色动画原理，掌握表情制作、骨骼创建、驱动关键帧技术、角色骨骼设定、骨骼装配、绑定方法、权重绘制。熟悉骨骼在角色动画中的作用，了解其制作的流程。熟练掌握角色装配技术，能够独立各种不同角色模型的绑定。

表情制作、两足角色绑定、

建议学时《
64课时。

第三章　角色设置

设置属于中间环节，直接影响动画效率。一个好的设置只在于根据动画的需要，做出简单合理易控制的方式。在做设置之前一定要和动画人员进行讨论。

用得比较多的就是两足和四足角色设置。尤其人物，要做出合理的设置，需要对两足和四足生物的结构有一定了解。这包括其骨骼以及肌肉变形。这些都需要认真观察真实世界中运动所引起的变形。

在接下来的内容中，将介绍设置有关的内容。包括基本骨架的建立、使用各种约束进行控制、蒙皮以及权重的绘制等内容。还包括与设置相关联的一些其他需要注意的地方。最后以一个人物完整的设置过程进行实例讲解。

第一节 //// Skeleton [骨骼]

F2切换至动画模块。如图3-1-1所示。

1. Joint Tool [关节工具]

用于创建骨骼，骨骼是带层级关系的关节结构，可对可变形对象例如多边形、曲面进行蒙皮，实现骨骼动画。打开Skeleton/Joint Tool，进入设置面板。如图3-1-2所示。

Degrees of freedom：自由次数，在创建关节时，可设置其坐标轴的旋转方向，默认是X、Y、Z都打开。

Orientation：[定向] 设置关节方向。

Second axis world orientation：[第二世界轴向]

Scale compensate：[缩放补偿]，设置子级关节是否受父级关节缩放的影响，勾上即为影响。

Auto joint limits：[自动关节限制]，限制关节的旋转范围。

Create IK handle：创建一个IK手柄，设置在创建关节时是否自动创建一个IK手柄。

Short bone length：[短骨骼长度]。

Short bone radius：[短骨骼半径]。

Long bone length：[长骨骼长度]。

Long bone radius：[长骨骼半径]。

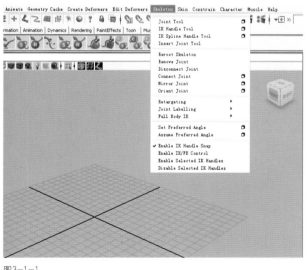

图3-1-1

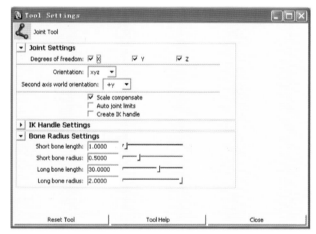

图3-1-2

操作步骤：

（1）使用 Skeleton/Joint Tool。通常使用默认的设置即可。

（2）在视图中单击鼠标左键，开始创建骨骼关节，移动鼠标，继续单击可创建关节链。

（3）回车，完成创建。如图3-1-3所示。

2.IK Handle Tool［控制柄工具］

在骨骼关节间创建IK手柄，通过控制IK而控制骨骼的运动。例如在手，腿部，都会使用。

打开Skeleton/IK Handle Tool，进入设置面板。如图3-1-4所示。

Current solver：当前解算器。设置IK手柄的解算器。默认ikRPsolver，即IK旋转平面解算器。下拉可选ikSCsolver，即IK单链解算器。

Autopriority［自动优先］

Solver enable［启用解算器，设置IK是否生效］

Snap enable［启用捕捉］设置IK手柄是否吸附到IK手柄的终端效应器。

Sticky［黏性］设置IK手柄粘贴到当前位置上。

Priority［优先］

Weight［权重］

POWeight［位置定向权重］

操作步骤：

（1）使用 Skeleton/IK Handle Tool。

（2）在关节链上节一处单击鼠标左键，在另一处再次单击鼠标左键。即可在关节间创建了IK手柄。如图3-1-5所示。

无论是从关节链的上一级关节开始还是下一级的关节开始创建，得到的结果都将是一样。

3.IK Spline Handle Tool［样条线控制柄工具］

样条IK，也称线性IK，作用于骨骼关节之间，实现比较柔软的控制。多用于脊椎，尾巴等的控制。通过控制曲线来影响骨骼关节的运动，即控制曲线上的CV。

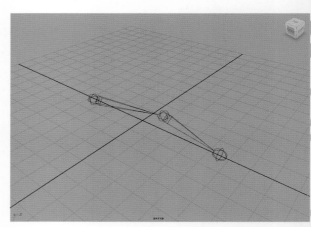

图3-1-3

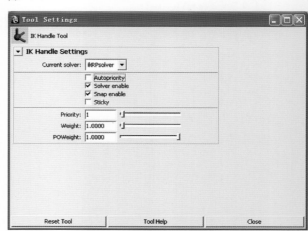

图3-1-4

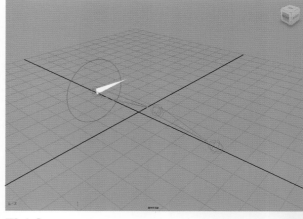

图3-1-5

打开Skeleton/IK Spline Handle Tool，进入设置面板，如图3-1-6所示。

Root on curve [曲线上的根部] 解算器是否忽略使用Offset属性。

Auto create root axis [自动创建根轴] 创建始关节 [开始创建关节链的关节] 之上的父变换节点。

Auto parent curve [自动父级曲线] 当始关节有父关节时，设置是否将曲线作为父关节的子物体，受其影响。

Snap curve to root [捕捉曲线到根部]

Auto create curve [自动创建IK样条手柄曲线]

Auto simplify curve [自动简化曲线]

Number of spans [跨副数量] 设置曲线上CV的数目。

Root twist mode [根部扭曲模式]

Twist type [扭曲模式] Linear [线形]

Ease in [易入]

Ease out [易出]

Ease in out [易入易出]

操作步骤：

（1）使用 Skeleton/IK Spline Handle Tool。

（2）在关节链上节一处单击鼠标左键，在另一处再次单击鼠标左键。即可在关节间创建了线形IK。

4.Insert Joint Tool [插入关节工具]

在已生成的关节链中插入一关节。

操作步骤：

（1）使用Insert Joint Tool。

（2）在已经生成的关节链中，单击鼠标左键，按住不要放开，拖动鼠标即可在关节链中插入一关节。

Reroot Skeleton [重设根关节]

重新设定骨骼的根关节。

操作步骤：

（1）使用Reroot Skeleton。

（2）在需要重新需要设置为根关节的关节上单击鼠标左键，操作完成。

5.Remove Joint [移除关节]

从关节链中移除一关节，不破坏关节链，和直接删除关节有区别。

操作步骤：

选择需要移除的关节，单击Remove Joint即可。

6.Disconnect Joint [断开关节]

断开关节链，保留该处关节。

操作步骤：

从关节链中选择需要断开的关节，单击Disconnect Joint即可。

7.Connect Joint [连接关节]

把分开的关节重新构建成关节链。打开Skeleton/Connect Joint ，进入设置面板。如图3-1-7所示。

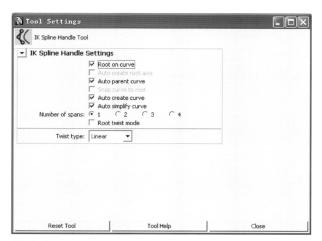

图3-1-6

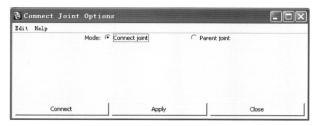

图3-1-7

Mode [模式]

Connect joint [连接关节]

Parent joint [父物体关节]

两种模式方式的连接效果不同，使用Connect joint时，与被连接的关节的上一节关节为父物体，使用Parent joint时，直接连接到关节处。

操作步骤：

首先选择需要被连接的关节，然后加选需要连接的关节，单击Connect joint即可。

8．Mirror Joint [镜像关节]

用于制作对称的骨骼关节。打开skeleton/Mirror Joint 进入设置面板。如图3-1-8所示。

Mirror across [镜像跨过] 以哪个平面进行参考。

Mirror function [镜像功能] Behavior [反向] Orientation [定向]

Repancement names for duplicated joints [替换关节名字]

Search for [搜索]

Replace with [替换]

操作步骤：

选择需要镜像的关节，使用skeleton/ Mirror Joint。

9．Orient Joint [定向关节]

设置关节局部轴方向。打开skeleton/ Orient Joint ，进入设置面板。如图3-1-9所示。

Orentation [定向]

Second axis world orientation [第二轴世界定向]

Hierarchy [层级] Orient child joint [定向子关节]

Scale [缩放] Reorient the local scale axes [重新定向局部缩放]

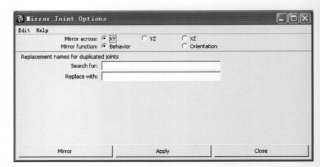

图3-1-8

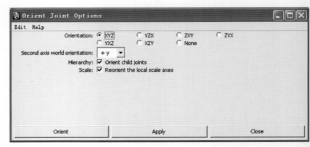

图3-1-9

操作步骤：

选择需要重新定向的关节，直接使用skeleton/ Orient Joint即可。

10．Retargeting [重设目标]

可使用Retargeting/Set Neutral Pose设置骨架某个姿态为自然姿态。在对其调整后，可使用Go To Neutral Pose 转到姿态姿态。

操作步骤：

选择根部关节，直接使用相对应的命令即可。

11．Joint Labelling [关节标签]

为关节添加标签。

12．Full Body IK [全身整体IK]

完整躯体IK，可创建全身整体完整的IK系统。有别于一般的控制系统，Full Body IK,将创建更灵活的骨架系统，例如，把手拉到地面拾取一物体，能实现自动弯腰。是一个比较智能的系统。

13. Set Preferred Angle [设置优先角度]

为IK在定位的过程中设置关节的优先角度，针对已经打了IK的关节。

操作步骤:

对于已经打IK的关节，选择位于中间的关节，将其往一个轴向旋转到一定角度，使用skeleton/Set Preferred Angle即可。

14. Assume Preferred Angle [采取优先角度]

应用已经设置了首选优先的关节。

操作步骤:

选择已经设置了优先角度的关节，直接使用skeleton/Assume Preferred Angle即可。

第二节 ///// Skin [蒙皮]

1. Bind Skin [绑定蒙皮]（如图3-2-1所示）

Bind Skin，将模型绑定到骨骼，即蒙皮，模型称为皮肤。NURBS、多边形等物体都可以进行蒙皮。蒙皮的方式有Smooth Bind [平滑蒙皮] 和Rigid Bind [刚性蒙皮]。Smooth Bind提供的是过渡比较光滑柔软的蒙皮效果，Rigid Bind则提供过渡比较硬的蒙皮效果。

（1）Smooth Bind [平滑蒙皮]

平滑蒙皮通过几个关节同时影响蒙皮对象的点实现平滑的、柔软的过渡效果。打开skin/Bind Skin /Smooth Bind，进入设置面板。如图3-2-2所示。

Bind to [绑定到] 共有三个选项：Joint hierarchy：关节层级。Selected koints [选择关节] Object hierarchy [物体层级]

Bind method [绑定方法] 有两种方法。Closest in hierarchy [层级中邻近] Closest distance [邻近距离]

Max influences [最大影响] 设置蒙皮对象上的一个点最多能受关节影响的数目。

After bind [绑定之后] Manintain max influences [保持最大影响]

Dropoff rate [离散率]

Remove unused influences [移除未使用的影响]

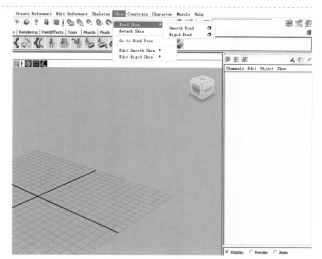

图3-2-1

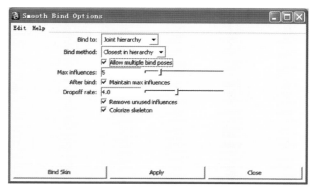

图3-2-2

Colorize skeleton [彩色化骨架]

操作步骤：

选择骨架，模型，使用skin/Bind Skin/Smooth Bind即可。先选择模型或者先选择骨骼得到的结果一样。

（2）Rigid Bind [刚性蒙皮]

相对Smooth Bind，Rigid Bind得到的效果比较僵硬。打开skin/Bind Skin/Rigid Bind进入设置面板。如图3-2-3所示。

Bind to [绑定到] 共有三个选项：Complete skeleton [完整骨架] Selected joints [选择关节] Force all [强制全部]

Coloring [色彩] Color joints [颜色关节]

Bind method [绑定方法] Closest point [最近点] Partition set [分区组]

Partition [分区]

操作步骤：

选择骨架，模型，使用skin/Bind Skin/Rigid Bind即可。先选择模型或者先选择骨骼得到的结果一样。

2.Detach Skin [分离蒙皮]

Detach Skin，对已进行蒙皮的皮肤进行删除。打开skin/ Detach Skin 进入设置面板。如图3-2-4所示。

History [历史记录] 共有三个选项：Delete history [删除历史记录] Keep history [保留历史记录]

Coloring [色彩] Remove joint colors [移除关节颜色]

3.Go to Bind Pose [返回绑定姿势]

绑定姿势是指绑定蒙皮时骨骼的姿势。

操作步骤：

（1）选择已绑定皮肤的骨骼。

（2）使用Skin/ Go to Bind Pose。

Edit Smooth Skin [编辑平滑蒙皮]

对模型进行平滑蒙皮的编辑，如图3-2-5所示。

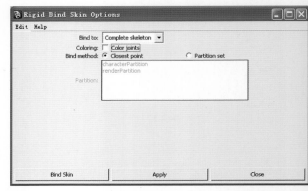

图3-2-3

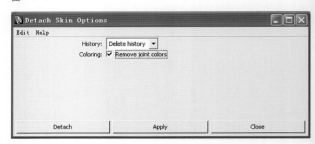

图3-2-4

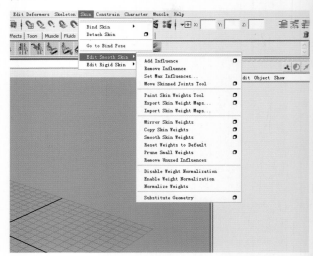

图3-2-5

4．Add Influence [添加影响]

针对已经绑定蒙皮的物体，通过添加影响改善其变形效果。打开Edit Smooth Skin/ Add Influence 进入设置面板。如图3-2-6所示。

Geometry [几何体] Use geometry [使用几何体]

Dropoff [离散率]

Polygon smoothness [多边形平滑度]

NURBS samples [NURBS样本]

Weight Locking [权重锁定] Lock wight [锁定权重]

Default weight [默认权重]

操作步骤：

（1）确定回到绑定姿态。

（2）创建影响物体，可以是NURBS，多边形，移动至需要改善变形的皮肤位置。

（3）选择影响物体后，加选皮肤。

（4）使用Skin/Edit Smooth Skin/Add Influence即可。

Remove Influence [移除影响]

去除一个影响物体。

操作步骤：

（1）选择已添加影响对象的皮肤。

（2）选择要去除的影响物体。使用Skin/Edit Smooth Skin/ Remove Influence。

Set Max Influences [设置最大影响]

设置绑定皮肤上的点可受关节影响的数目。

操作步骤：

使用Skin/Edit Smooth Skin/Set Max Influences。弹出设置面板。如图3-2-7所示。

Max Influences：最大影响。

Move Skinned Joint Tool [移动已蒙皮关节工具]

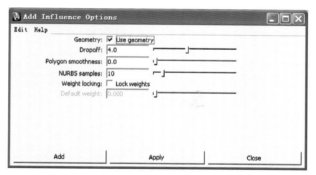

图3-2-6

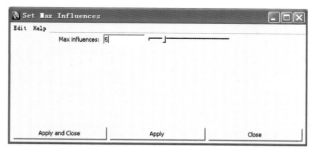

图3-2-7

对已绑定蒙皮的关节进行修改。不会改变其权重。

操作步骤：

（1）选择关节。

（2）使用Skin/Edit Smooth Skin/Move Skinned Joint Tool。

（3）移动关节。

Paint Skin Weight Tool [绘制蒙皮权重工具]

权重笔刷工具，对皮肤的权重进行重新合理的分配。打开Skin/Edit Smooth Skin/Paint Skin Weight Tool 进入设置面板。如图3-2-8所示。

Brush [笔刷]

Radius (U) [外径]

Radius (L) [内径]

Opacity [不透明度]

Profile [轮廓]

Influence [影响]

Sort transforms [排列变换] Alphabetically [按

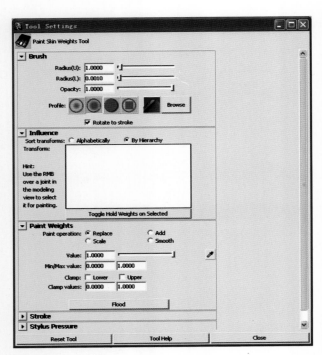

图3-2-8

字母顺序] By Hierarchy [按层级历史]

　　Transform [变换]

　　Toggle Hold Weights on Selected [保持选择物体的权重]

　　Paint Weights [绘制权重]

　　Paint operation [绘制操作] Replace [置换] Add [添加] Scale [缩放（减少）] Smooth [平滑]

　　Value [值（权重值）]

　　Min/Max value [最小/最大值]

　　Clamp [钳制]

　　Clamp values [钳制值]

　　Flood [填充]

　　操作步骤：

　　（1）选择模型 [皮肤] 物体。

　　（2）使用Skin/Edit Smooth Skin/Paint Skin Weight Tool，进入设置面板。

　　（3）将鼠标移至皮肤需要绘制权重的位置，单击鼠标左键开始绘制。绘制权重的时候，应把权重值，

调整为比较小的范围，保证影响不会太大，从而使权重过渡比较理想。

　　Export Skin Weight Maps [导出蒙皮权重贴图]

　　将绘制完成的皮肤权重导出，以便备份和传递。打开Skin/Edit Smooth Skin/ Export Skin Weight进入设置面板。如图3-2-9所示。

　　Export value：导出值。Alpha [透明通道] Luminance [明度]

　　Map size X [贴图大小 X]

　　Map size Y [贴图大小 Y]

　　Keep aspect ratio [保持纵横比]

　　Image format [图片格式]

　　操作步骤：

　　（1）骨骼回到绑定姿态，对于复杂绑定好的角色，则是所有控制回到默认状态。

　　（2）使用Skin/Edit Smooth Skin/Export Skin Weight。

　　（3）在弹出窗口中，单击Apply 应用。

　　（4）在弹出窗口中，输入保存文件的名字，单击Write即可。

　　Import Skin Weight Maps [导入蒙皮权重贴图]

　　将已经保存的蒙皮权重导入到模型。

　　操作步骤：

　　（1）选择皮肤。

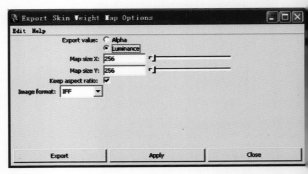

图3-2-9

（2）使用Skin/Edit Smooth Skin/Import Skin Weight Maps。

（3）找到之前保存权重的路径，选择文件，使用Import即可。

Mirror Skin Weights [镜像蒙皮权重]

对于繁重的权重分配工作，Maya提供了镜像功能。打开Skin/Edit Smooth Skin/ Mirror Skin Weights 进入设置面板，如图3-2-10所示。

Mirror across [镜像跨过] 即以哪个平面进行参考。

Direction [方向] Postitve to negative [+Z to -Z] [由正到负]

Surface Association [曲面关联] Closest point on furface [最近曲面上的点]

Ray cast [光线投射]

Closest component [最近部件]

Influence Assocication 1 [影响关联1] Closest joint [最近关联] One to one [一个接一个] Label [标签]

Influence Assocication 2 [影响关联2] None [无] Closest joint [最近关联] One to one [一个接一个] Label [标签]

操作步骤：

（1）选择已经绑定蒙皮的皮肤。

（2）确定回到绑定姿态。

（3）使用Skin/Edit Smooth Skin/Mirror Skin Weights。

Copy Skin Weights [拷贝蒙皮权重]

为了更好地编辑权重。Maya还提供了拷贝蒙皮权重。在角色模型着衣时，可以从身体拷贝权重到衣服上。避免重复绘制。打开Skin/Edit Smooth Skin/ Copy Skin Weights 进入设置面板。如图3-2-11所示。

Surface Association [曲面关联] Closest point on furface [最近曲面上的点]

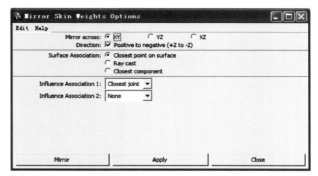

图3-2-10

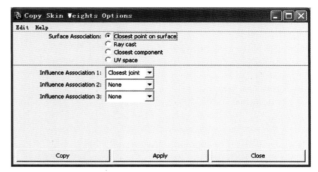

图3-2-11

Ray cast [光线投射]

Closest component [最近部件]

UV space [UV空间]

Influence Assocication 1 [影响关联1] Closest joint [最近关联] Closest bone [最近骨骼] One to one [一个接一个] Label [标签。Name [名称]

Influence Assocication 2 [影响关联2] None [无] Closest joint [最近关联] Closest bone [最近骨骼] One to one [一个接一个] Label [标签] Name [名称]

Influence Assocication 3 [影响关联2] None [无] Closest joint [最近关联] Closest bone [最近骨骼] One to one [一个接一个] Label [标签] Name [名称]

操作步骤：

从身体拷贝权重到衣服。

（1）选择身体。

（2）选择衣服。

（3）使用Skin/Edit Smooth Skin/Copy Skin Weights，完成权重的拷贝。

Smooth Skin Weights [光滑蒙皮权重]

对于局部权重过渡不理想，进行光滑处理。打开 Skin/Edit Smooth Skin/Smooth Skin Weights 进入设置面板。如图3-2-12所示。

Weight Change Percentage [按权重百分比改变]
Preview [浏览]

操作步骤：

（1）选择皮肤上需要圆滑处理的点。

（2）使用Skin/Edit Smooth Skin/Smooth Skin Weights。

Reset Weights to Default [重设默认权重]

将皮肤权重恢复到绑定皮肤时的默认状态。

操作步骤：

（1）选择皮肤。

（2）单击使用Skin/Edit Smooth Skin/Reset Weights to Default。

Prune Small Weights [删除较小权重]

为了得到比较理想的变形效果，去除一些比较微小的权重影响。打开Skin/Edit Smooth Skin/Prune Small Weights 进入设置面板。如图3-2-13所示。

Prune below：删除以下的值。

操作步骤：

（1）选择皮肤。

（2）使用Skin/Edit Smooth Skin/Prune Small Weights。

Remove Unused Influences [移除未使用的影响]

对于没使用到的影响，我们可以将其移除。

操作步骤：

（1）选择皮肤。

（2）使用Skin/Edit Smooth Skin/Remove Unused Influences。

Disable Weight Normalization [禁用权重规格化]

关闭Maya自动实施标准化权重。

Enable Weight Normalization [启用权重规格化]

打开Maya自动实施标准化权重。

Normalize Weights [规格化权重]

标准化权重。

操作步骤：

（1）选择一绑定皮肤的模型。

（2）使用Skin/Edit Smooth Skin/Normalize Weights。

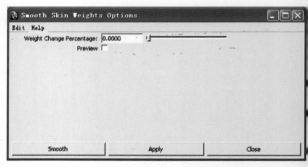

图3-2-12

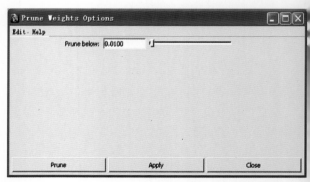

图3-2-13

Substitute Geometry [替代几何体]

对于未绑定皮肤的模型，可用来代替已经绑定皮肤的模型。打开Skin/Edit Smooth Skin/ Substitute Geometry 进入设置面板。如图3-2-14所示。

Old Geometry Options [旧几何体选项]

Retain old geometry [保留旧几何体]

Move old geometry to a layer [移动旧几何体到层]

New Geometry Options [新旧几何体选项]

Disable non-skin deformers [禁用非蒙皮变形]

Move new geometry to a layer [移动新几何体到层]

Re-weight distance tolerance [重设权重容差]

操作步骤：

（1）选择已绑定皮肤模型。

（2）选择未绑定皮肤模型。

（3）使用Skin/Edit Smooth Skin/Substitute Geometry。

5.Edit Rigid Skin [编辑刚性蒙皮]

对模型进行刚性蒙皮编辑，如图3-2-15所示。

Create Flexor [创建屈肌]

使用Skin/Edit Rigid Skin/Create Flexor进入设置面板。如图3-2-16所示。

Flexor type [曲肌类型] 可选3种类型。分别是：Lattice [晶格] Sculpt [雕刻] Joint cluster [关节合集]

Joints [关节]

At selected joint [s] [在选定关节]

At all joint [s] [在全部关节]

Bones [骨骼]

At selected bone [s] [在选定骨骼]

At all bone [s] [在全部关节]

Lattice Options [晶格选项]

S divisions [S 分割段数]

T divisions [T 分割段数]

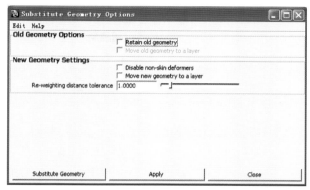

图3-2-14

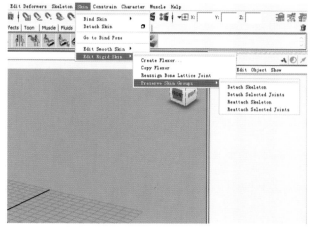

图3-2-15

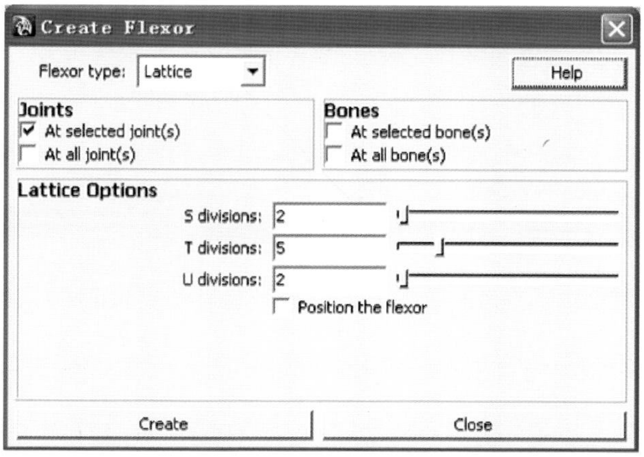

图3-2-16

U divisions [U 分割段数]

Position the flexor [曲肌位置]

操作步骤：

（1）确定回到绑定姿态。

（2）选择需要创建曲肌的关节。

（3）使用Skin/Edit Rigid Skin/Create Flexor。

（4）在弹出窗口中单击Create。

Copy Flexor [拷贝屈肌]

使用拷贝屈肌时，所有的属性值和关系将一同被复制。

操作步骤：

（1）选择曲肌，再选择要复制曲肌的关节。

（2）使用Skin/Edit Rigid Skin/Copy Flexor。

Reassign Bone Lattice Joint [重新指定骨骼晶格关节]

重新指定驱动晶格关节。

操作步骤：

（1）选择曲肌晶格。

（2）选择要重新指定的关节。

（3）使用Skin/Edit Rigid Skin/Reassign Bone Lattice Joint。

Detach Skeleton [分离骨架]

从皮肤上分离骨骼或者是关节，分离后的骨骼或关节对皮肤不再产生影响，其权重保留。

操作步骤：

（1）选择根部关节或是其中一关节。

（2）使用Skin/Edit Rigid Skin/Preserve Skin Groups/ Detach Skeleton。

Detach Selected Joints [分离选定关节]

把选择的关节从皮肤中分离出来。和Detach Skeleton 类似。

操作步骤：

（1）选择分离的关节。

（2）使用Skin/Edit Rigid Skin/Preserve Skin Groups/Detach Selected Joints。

Reattach Skeleton [重新附加骨架]

重新连接骨架到模型。

操作步骤：

（1）选择骨骼。

（2）使用Skin/Edit Rigid Skin/Preserve Skin Groups/Reattach Skeleton。

Reattach Selected Joint [重新附加选定关节]

重新连接关节到模型。

操作步骤：

（1）选择关节。

（2）使用Skin/Edit Rigid Skin/Preserve Skin Groups/ Reattach Selected Joint。

第三节 ///// Constrain [约束]

约束即是使用一个物体对象限制另一个物体的位置、方向、缩放。角色装配时应用得比较多。如图3-3-1所示。

1.Point [点约束]

约束物体对被约束的物体的位移进行限制，即约束了 Transcale X、Y、Z。打开Constrain/Point 进入设置面板。如图3-3-2所示。

Maintain offset：保持偏移。使用点约束时候，是否忽略物体当前位置关系。

Offset [偏移]

Constraint axes [约束轴] All [全部] 可设置单个轴的约束。

Weight：权重。

操作步骤：

（1）选择约束物体。

（2）选择被约束物体。

（3）使用Constrain/Point。

2.Aim [目标约束]

目标约束常用于眼睛的控制。通过对方向的限制，被约束物体始终指向约束物体。打开Constrain/Aim 进入设置面板。如图3-3-3所示。

Maintain offset [保持偏移]

Offset [偏移]

Aim vector [目标矢量]

Up vector [向上矢量]

World up type：世界向上类型。分别有 [Vector 矢量] Scene up [场景向上] Object up [物体向上] Object rotation up [物体旋转轴向上] None [无]

World up vector [世界向上矢量]

World up object [世界向上物体] 当World up type选择了Object up或者是Object rotation up时，输入参考物体名字。

Constraint axes [约束轴] All [全部] 可设置单个轴的约束。

Weight [权重]

操作步骤：

（1）选择目标物体 [约束物体]。

（2）选择被约束物体。

（3）使用Constrain/Aim。

3.Orient [方向约束]

约束物体的方向 [旋转] 属性。打开Constrain/Orient进入设置面板。如图3-3-4所示。

Maintain offset [保持偏移]

Offset [偏移]

Constraint axes [约束轴] All [全部] 可设置单个轴的约束。

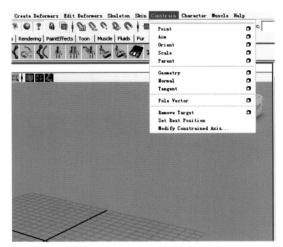

图3-3-1

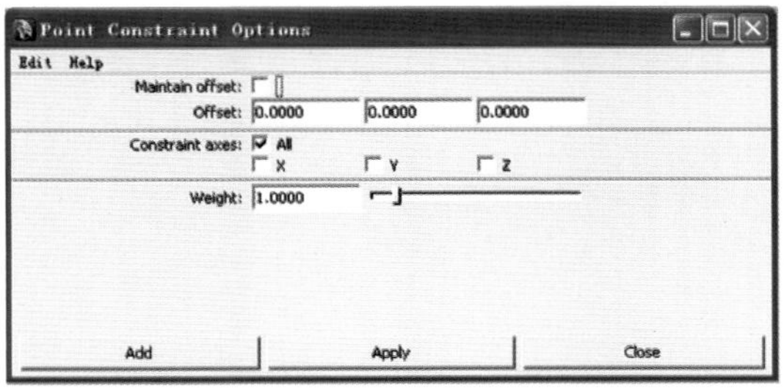

图3-3-2

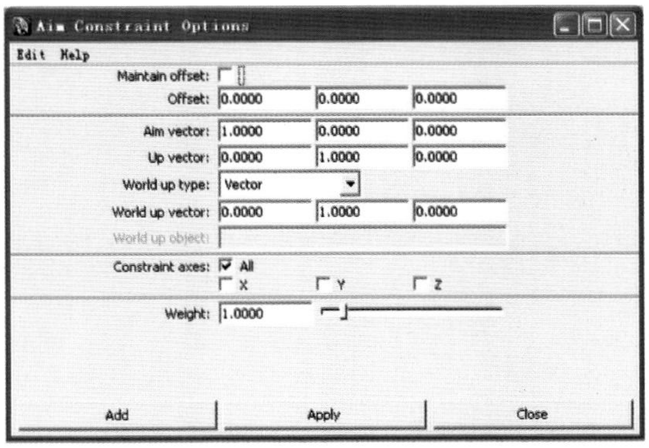

图3-3-3

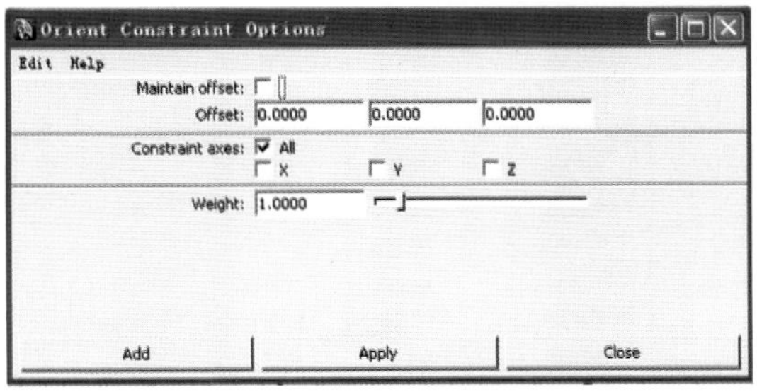

图3-3-4

Weight：权重。

操作步骤：

（1）选择约束物体。

（2）选择被约束物体。

（3）使用Constrain/Orient。

4．Scale［缩放］

控制物体的缩放属性。打开Constrain/Scale进入设置面板，如图3-3-5所示。

Maintain offset［保持偏移］

Offset［偏移］

Constraint axes［约束轴］All［全部］可设置单个轴的约束。

Weight［权重］

操作步骤：

（1）选择约束物体。

（2）选择被约束物体。

（3）使用Constrain/Scale。

5．Parent［父子约束］

同时约束物体的Translate和Rotation。打开Constrain/Parent 进入设置面板，如图3-3-6所示。

Maintain offset［保持偏移］

Constraint axes［约束轴］All［全部］可设置单个轴的约束。

Translate［转换（位移）］

Rotate［方向（旋转）］

Weight［权重］

操作步骤：

（1）选择约束物体。

（2）选择被约束物体。

（3）使用Constrain/Parent。

6．Geometry［几何体约束］

被约束物体将被约束到ＮＵＲＢＳ曲面或者是多边形上。打开Constrain/Geometry进入设置面板，如图3-3-7所示。

Weight［权重］

操作步骤：

（1）选择约束物体［几何物体］。

（2）选择被约束物体。

（3）使用Constrain/Geometry。

7．Normal［法线约束］

被约束物体受约束物体的法线限制。约束物体需是曲面打开。Constrain/Normal进入设置面板，如图3-3-8所示。

Weight［权重］

Aim vector［目标矢量］

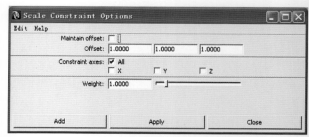

图3-3-5

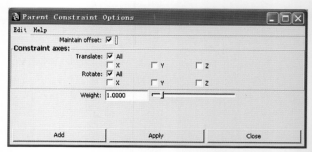

图3-3-6

图3-3-7

Up vector [向上矢量]

World up type [世界向上类型] 分别有 [Vector 矢量] Scene up [场景向上] Object up [物体向上] Object rotation up [物体旋转轴向上] None [无]

World up vector [世界向上矢量]

World up object [世界向上物体] 当World up type选择了Object up或者是Object rotation up时，输入参考物体名字。

操作步骤：

（1）选择约束物体 [曲面]。

（2）选择被约束物体。

（3）使用Constrain/Normal。

8. Tangent [切线约束]

被约束物体受约束物体切线限制，使其指向曲线方向，约束物体须是曲线。打开Constrain/Tangent进入设置面板，如图3-3-9所示。

Weight [权重]

Aim vector [目标矢量]

Up vector [向上矢量]

World up type [世界向上类型] 分别有 [Vector 矢量] Scene up [场景向上] Object up [物体向上] Object rotation up [物体旋转轴向上] None [无]

World up object：世界向上物体。当World up type选择了Object up或者是Object rotation up时，输入参考物体名字。

操作步骤：

（1）选择约束物体（曲线）。

（2）选择被约束物体。

（3）使用Constrain/Tangent。

9. PoleVector [极矢量约束]

极矢量约束是针对IK的，控制IK旋转平面。打开Constrain/ PoleVector。

进入设置面板，如图3-3-10所示。

Weight [权重]

操作步骤：

（1）选择约束物体。

（2）选择被约束物体（IK）。

（3）使用Constrain/PoleVector。

10. Remove Target [移除目标]

对已创建约束的物体，可以去除其约束关系，使其不再受约束物体影响。打开Constrain/Remove Target 进入设置面板，如图3-3-11所示。

Point [点约束]

Aim [目标约束]

Orient [方向约束]

Scale [缩放]

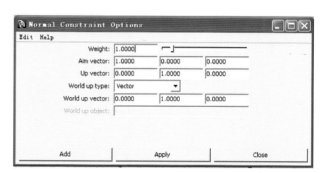

图3-3-8

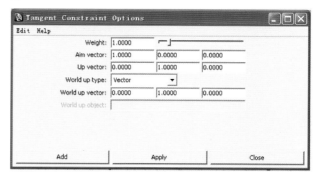

图3-3-9

图3-3-10

Parent [父子约束]

Geometry [几何体约束]

Normal [法线约束]

Tangent [切线约束]

PoleVector [极矢量约束]

Constraint type [约束类型] All [全部]

Maintain offset [保持偏移]

操作步骤：

（1）选择约束物体。

（2）选择被约束物体。

（3）使用Constrain/Remove Target。

11.Set Rest Position [设置静止位置]

设置被约束物体静止时候的状态。

操作步骤：

（1）调整约束物体位置，方向等状态。

（2）选择被约束物体。

（3）使用Constrain/Set Rest Position。

12.Modify Constrained Axis [修改约束轴]

对已进行约束的物体的轴向进行修改。打开Constrain/Modify Constrained Axis进入设置面板，

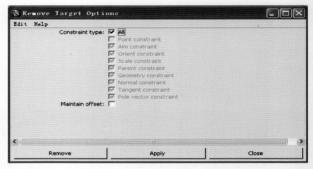

图3-3-11

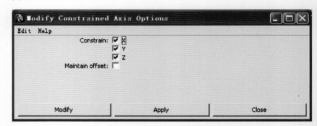

图3-3-12

如图3-3-12所示。

Constrain [约束]

Maintain offset [保持偏移]

操作步骤：

（1）选择被约束物体。

（2）使用Constrain/Modify Constrained Axis，调整修改的轴，单击Apply [应用]。

第四节 ////// Character [角色组]

通过创建角色组，我们可以将角色所有的属性集中到一起，利于动画的制作。相当于把所有动画需要的属性集中到一个节点。如图3-4-1所示。

1.Create Character Set [创建角色组]

打开Character/Create Character Set 进入设置面板，如图3-4-2所示。

Character [角色]

Name [名称]

Include [包括]

Hierarchy below selected node [选择节点下面的层级]

Attributes [属性]

Include [包括]

All keybale [全部可设关键帧]

From Channel Box [从通道栏]

All keybale except [全部可设关键帧除了]

Translate [转换]

Rotate [旋转]

Scale [缩放]

Visibility [可见性]

Dynamic [动态]

Redirection [改变方向]

Redirect character [改变角色方向]

Rotation and translation [旋转和转换]

Rotation only [仅转换]

Translation only [仅转换]

操作步骤：

（1）选择物体，需要创建角色组的对象物体。

（2）Character/Create Character Set。

（3）可输入角色组名字以便进行区别，单击Apply [应用]。

2.Create Subcharacter Set [创建子角色组]

对已经创建角色组的物体，创建其子角色组，即把子角色组添加到当前角色组，可以创建一个全身整体的角色组，在此基础上，创建表情的子角色组、身体的子角色组，还可以分为上半身和下半身的子角色组，这将有利于动画的制作。打开Character/Create Subcharacter Set 进入设置面板，如图3-4-3所示。

Name [名称]

Subcharacter set attributes [子角色组属性]

All keybale [全部可设关键帧]

From Channel Box [从通道栏]

All keybale except [全部可设关键帧除了]

No translate [无转换]

No rotate [无旋转]

No scale [无缩放]

No visibility [无可见性]

No dynamic [无动态]

操作步骤：

（1）使用Character/Create Subcharacter Set，可输入子角色组名字，以便区分。

（2）弹出窗口单击Apply（应用）。

3.Character Mapper [角色贴图器]

对角色组间进行映射。使用Character/Character Mapper则打开其设置面板，如图3-4-4所示。

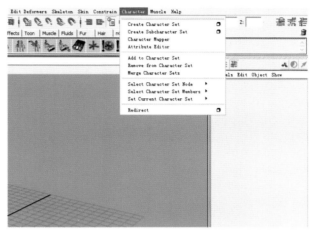

图3-4-1

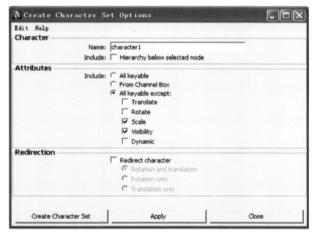

图3-4-2

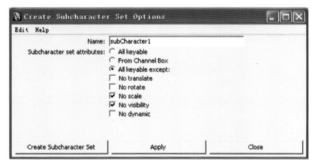

图3-4-3

Load Source [导入来源]

Load Target [导入目标]

From [从……]

To [到……]

Mapped [已映射]

Unmapped [未映射]

操作步骤：

（1）选择来源角色组，单击Load Source。

（2）选择需要被映射角色组，单击Load Target。

（3）在Unmapped左右窗口中分别选择两个角色组，单击Map。

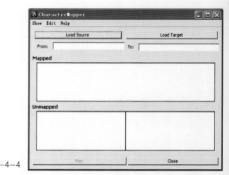

图3-4-4

4. Attribute Editor [属性编辑器]

编辑角色组属性。使用Character/Attribute Editor，则打开其设置面板，如图3-4-5所示。

Character Set Attributes：角色组属性。添加的角色参数都在这个属性下。

图3-4-5

5. Add to Character Set [添加到角色组]

可对当前角色组通过通道栏添加属性。

操作步骤：

（1）确定已处在当前角色状态下。

（2）在通道栏选择需要添加的属性。

（3）使用Character/Add to Character Set，则把选择的属性添加到当前角色组。

6. Remove from Character Set [从角色组移除]

可从角色组删除添加的属性。

操作步骤：

（1）确定当前角色组。

（2）在通道栏中选择需要删除的属性。

（3）使用Character/Remove from Character Set。

7. Merge Character Sets [合并角色组]

将多个角色组合并成为一个角色组。

操作步骤：

（1）选择需要合并的角色组。

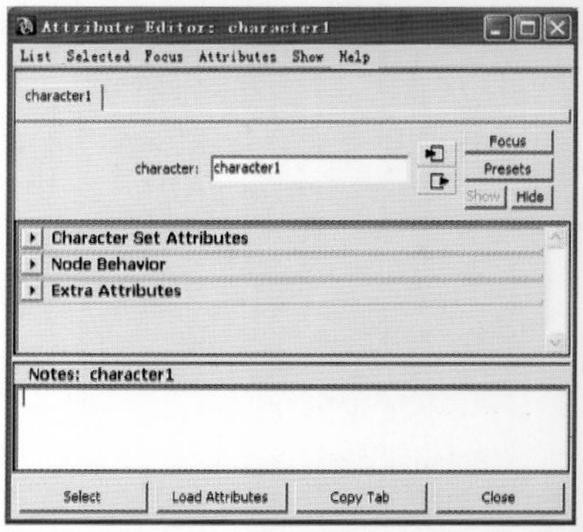

（2）使用Character/Merge Character Sets。

8. Select Character Set Node [选择角色组节点]

选择当前角色组。如果场景中存在多个角色组，可在其下级菜单中选择。

9. Select Character Set Members [选择角色组成员]

选择角色组成员，包括其子角色组。

10. Set Current Character Set [设置当前角色组]

设置当前角色组，将其设置到K帧状态下。

11. Redirect [改变方向]

改变当前角色组方向。

操作步骤：

（1）选择当前角色组。

（2）使用Character/Redirect，即可在视图窗口中进行调整。

第五节 ///// 实例制作——普通道具绑定

道具（如图3-5-1所示）的绑定在制作中是很普遍的,很多简单的道具甚至不需要任何绑定,直接对模型进行K帧即可。而普遍简单而有效的方法是建立控制器,用控制器来控制模型。

严格来说,制作的模型都需要放到网格上方,网格相当于地面。单个道具的话,把它的位置放中间。

从最简单的开始。选择 NURBS Primitives/Circle创建一线圈,将以它作为一个控制器,简单地命名 Ctl ,注意在大量道具绑定的时候命名很重要,名字根据道具名字来命名。如果线圈没有即时生成,去掉NURBS Primitives/Interactive Creation [交换创建]的勾选。

对于控制器,需要注意的是保证其通道栏的参数为0,即默认情况下的参数。为了保证控制器没有多余的历史,选择Ctl控制器,使用 Edit/Delete by type/History [删除所选择物体的构建历史],这样就保证了控制器是干净简洁的了。接下来,使控制器来控制模型。

选择模型,加选控制器Ctl按P。这样,模型成为Ctl的子物体。移动,旋转,缩放Ctl,可以看到模型完全受其影响。在Window/Outlier里查看两者关系。如图3-5-2所示。

这里涉及一个概念:父子关系。在Maya里,这种层级关系,Ctl称为mesh的父物体,而mesh则为Ctl的子物体,简单来说,子物体将受父物体的影响,而子物体的变化对父物体没有影响。

一个简单的道具可以说就是这么简单的绑定完成。现在,换一种做法,选择Ctl加选模型,使用Constrain/Parent, 使用父子约束。移动、旋转控制器Ctl,观察其效果,理解约束的概念。为了实现缩放,选择控制器Ctl再选择模型,使用Constrain/Scale 缩放约束。

从Outliner观察其关系（如图3-5-3所示）。尽管效果是一样的,但是从层级关系上来说是不一样的。

如果剑需要弯曲, 又该如何绑定?使用骨骼来控制。

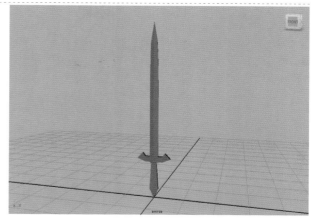

图3-5-1

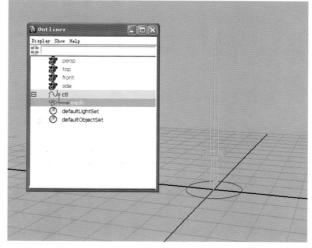

图3-5-2

选择Skeleton/Joint Tool [关节工具],切换前视图,从剑底部单击鼠标左键开始创建骨架。按住Shift可在竖直方向创建,向上一直创建到末端。在视窗上的菜单栏上点击Shading/X-Ray Joints [骨骼X光], 方便观察骨骼如图3-5-4所示。

查看骨骼在Outliner中的显示。如图3-5-5所示。

选择joint1再选择模型,使用 Skin/Bind Skin/Smooth Bind [平滑蒙皮],这样,骨骼和模型就联系起来了,选择中间几节关节旋转,观察效果。如图3-5-6所示。

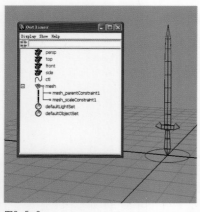

图3-5-3

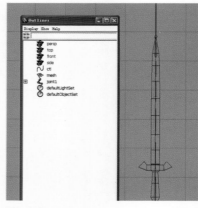

图3-5-5

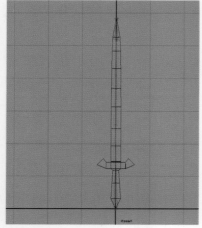

图3-5-4

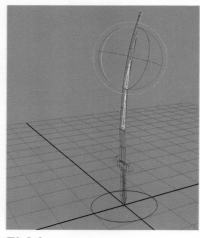

图3-5-6

选择Joint1 再选择控制器,按P,骨骼就成了控制器的子物体,这样,控制器Ctl就控制了骨骼,当需要剑弯曲时,单独选择骨骼旋转即可。而模型整体的移动,旋转,缩放将由控制器Ctl 控制。

剑绑定完成。可以说,简单的道具都可以以这种方式来绑定。回顾一下整个思路过程。创建控制器控制模型,如需要弯曲变形,利用骨骼是个方便而快速的办法。当然,在Maya里,是有多种方法可以实现这种弯曲变形的。但骨骼控制起来将会更加方便。

可以说,在Maya里,绑定就是处理控制物体与被控制物体间的关系。在本小节中,还使用了约束。这种使用方法实际运用得非常广泛。可以做些简单物体来使用各种约束,理解各种约束的运用范围,将有助于后面的学习。

第六节 ///// 表情制作

对于绝大部分的角色动画来说,角色面部表情自然是少不了。表情可以传递感情,丰富我们的动画。

在Maya里,可以使用混合变形来实现丰富的表情制作。混合变形的优势就在于可以制作多个变形混合起来一起使用。

选择角色头部模型,使用快捷键Ctrl+D复制一个物体出来,复制出来物体就是需要调整表情的物体,称为目标物体,原始模型物体称为基础物体。通过调整目标物体的变形,再使用Create Deformers/Blend Shape [混合变形] 命令,将其变形传递给原始物体。

需要做多少个表情就复制多少个目标物体。选择所复制出来的物体,为了方便调整,将和基础物体移开。如图3-6-1所示。

常用的口型以及常用的表情都需要制作。常用的口型有A、E、O、U、M、F等。常用的表情有喜怒哀乐等,以及眨眼、咧嘴等都可以复制出目标物体来进行表情的制作。同样地,表情也是根据需要来制作的,最初在设计角色的时候就需要考虑这个问题。尤其一些特殊的表情。

为了方便后续的工作,先多复制几个目标物体 [如图3-6-2所示],根据其表情而命名。例如一个笑,命名为 Smile。

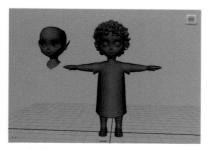

图3-6-1

图3-6-2

图3-6-3

在制作表情的时候需要注意的是，目标物体的调整是通过点、线、面操作的，如果将整个目标物体放缩，是不会产生变形的，这也是一种不正确的操作。

一个角色表情越多，动画自然就更加丰富。这些都是根据其级别来定的，例如一个电影级别的角色，表情可能就会有上百个之多。而一般的角色，也会有几十个。

选择所有目标物体［复制出来的头部模型］，接着按住 Shift 加选基础物体［原来头部模型］，打开Create Deformers/Blend Shape［混合变形］后的小方块，进入设置面板。如图3-6-3所示。

在BlendShape node后输入自定义的混合变形名称，默认为BlendShape1。默认情况下Check topology［检查拓扑］，是勾上的。如果是混合一个有不同数目CV或顶点的物体，则需要关闭此选项。本例中默认即可。Delete targets选项为是否删除目标物体。

单击 blendshape1，展开查看里面的属性［如图3-6-4所示］。Envelope为设置变形比例系数。后面的全部是刚才所添加的目标物体，已命好名，参数范围为 0～1 之间。K动画的时候，可以直接使用这些参数进行K帧。

打开Window/Animation Editors/Blend Shape［混合变形编辑器］可以进行动画的制作。如图3-6-5所示。

为了方便表情的调整，可双击移动工具，打开其设置面板。如图3-6-6所示。Maya提供了灵活多边的使用功能，不仅在调整表情的时候很方便，在做模型的时候也非常实用。包括了调整移动方向，对称的操作等。

Soft Select［软化选择］打开之后，调整点、线、面都将有一个影响范围，适合局部的调整，效果非常好。按住键盘上的B键，加鼠标左键，左右滑动可改变其影响范

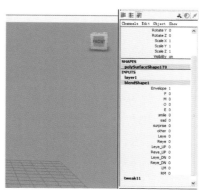

图3-6-4

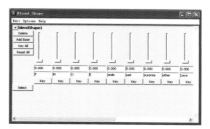

图3-6-5

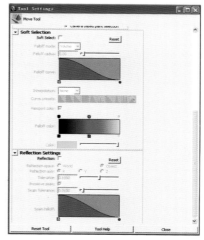

图3-6-6

围，这个类似笔刷设置。

Reflection［是否打开对称］World［为世界对称］Object［为物体自身的对称］

Falloff mode：［影响方式］：Surface为不跨越的影响，Volume为整体的，忽略中间跨越

的面。Maya 2008 Extension2以及之后的版本才有Soft Select选项。

一切准备工作结束后，开始表情的调整。表情制作得真实、合理，需要对面部肌肉结构了解。逐一的制作基本的表情和口型。如图3-6-7所示。

对于目标物体的编辑，需要注意的是，必须保证是原来的参数，不能对目标物体使用冻结变换，否则将导致严重错误。

对于最终完成的表情，确定没有问题，不需要修改的情况下，可将所有目标物体直接删除，可有效地减小Maya文件的文件量，不用

担心，BlendShape 不会丢失。

选择所有的目标物体，按快捷键Ctrl+G打一个组，命名为BlendShape，方便管理。

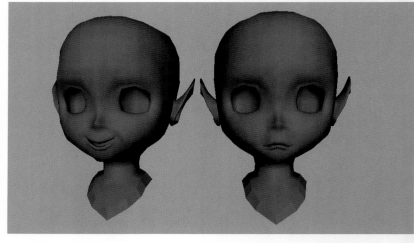

图3-6-7

第七节 ///// 两足角色绑定

角色绑定概述

什么是角色绑定呢?简单来说，就是让模型动起来。现在做得最多的就是角色动画，也称为骨骼动画，它是由骨骼来控制模型的变形。可以说是控制骨骼。Maya提供了完善的骨骼设置工具，可以非常灵活地控制。

开始前的工作

设置属于中间环节。拿到模型的第一件事不是马上架设骨架。首先要做的是检查模型。检查模型是否存在错误。以免带着错误进行接下来的工作。

绑定POSS

拿到一个模型进行骨架设置。

通常称之为绑定。先了解模型最原始的姿态，称它为绑定POSS，合适的POSS会利于后面的工作。

在模型制作的时候需要考虑到绑定，这包括合理的布线还有初始POSS。自然的POSS将更合理。

最常见的两种绑定POSS [如图3-7-1所示]，左为一种"T"字形，这种POSS将会更适合进行绑定，但是考虑动画，以及肩膀的变形。"人"字形更理想。在写实角色中，多数采用这种绑定POSS。本章内容中我们将使用"T"字形进行绑定。

一、全身骨骼架设

选择所有物体点击Display里的第三个图标按钮创建一新显示层。鼠标移动至layer1上面，右键弹出菜单选择Add Selected Objects,添加所选物体到层

layer1。并以"T"模板模式显示 [如图3-7-2所示]。方便架设骨架。切换至前视图，选择Skeleton/Joint Toll 创建骨骼工具，从角色盆骨位置开始向上创建骨骼。按住 Shift+鼠标左键可使骨骼保持在垂直方向上。可在Display/Animation/Joint Side里调整骨骼大小的显示，方便观察。切换至侧视图，继续调整骨骼位置，保持骨骼在模型适中位置，方向与脊椎方向一致。根据不同角色，脊椎骨骼一般为4—6节，取决于角色身体的长度。如图3-7-3所示。

在调整骨骼位置的时候，尽量使用旋转来调整。还需要注意骨点的位置。准确的骨点位置是变形的基础。骨点即关节位置。接下来分别架设其他骨骼。在设置手的

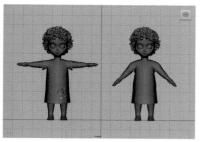

图3-7-1

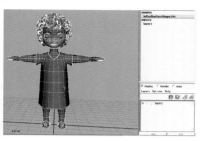

图3-7-2

图3-7-3

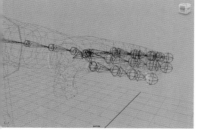

图3-7-4

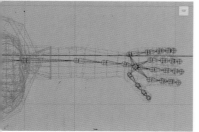

图3-7-5

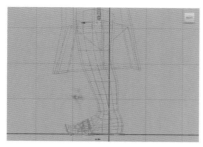

图3-7-6

图3-7-7

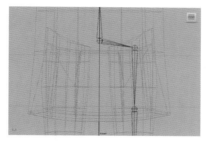

图3-7-8

时候需要注意的是调整大拇指骨骼方向，注意观察大拇指运动方向。选择所有大拇指的骨骼，选择Display/Transform Display/Local Rotation Axes 命令查看骨骼自身的坐标。旋转大拇指根部骨头，使其方向合理，再加选手掌中间的骨骼按键盘上的P键使其连接。其他手指也需要注意方向问题，手指是向掌心内倾斜的，如图3-7-4所示。

注意POSS：确定一方向轴与指甲平面垂直

完成手臂骨骼架设。如图3-7-5所示。

肘部骨头给一个弯曲的角度。这是给IK移动时给骨骼一个优先弯曲的角度。接下来创建腿部的骨架。如图3-7-6所示。

观察各个骨点的位置。同样在膝盖位置给一个这样小小的弯曲，也是给IK一个优先的弯曲角度。注意脚尖骨骼的位置，脚是踩平地面的，骨骼也是一样的，在架设腿部骨骼的时候还需要尽量保持骨骼在同一平面上，这样利于绑定，在做模型的时候需要保证模型是自然站立的。在设置骨点的时候，必须意识到准确的骨点是后续工作的前提。尽管在Maya现在的版本中，可对已进行蒙皮的骨骼进行调整，但会带来更多的工作量，必须保证骨点的准确合理！如图3-7-7所示。

对头部骨架进行架设 [如图3-7-8所示]。脖子骨骼从第7颈椎开始创建，骨骼是根据不同的角色而设置的。注意眼睛骨骼的架设方法，在眼睛中心位置创建一骨节，选择眼睛模型，在视窗中的菜单栏上选择Show/Isolate Select/View Selected [隔离显示]，方便操作，运行Display/Transform Display/Rotate Pivots 命令来显示其中心点，使用Skeleton/Joint Toll，同时按住键盘上的V键 [点吸附]，在眼睛中心点位置创建一骨节。取消隔离显示，把这个骨节连接到头顶部的骨节。

只需要制作一半的骨骼就可以

了，Maya提供了镜像骨骼的命令。选择需要镜像的骨骼使用Skeleton/Mirror Joint Options 点击其后面的小方块进入预设面板。将Mirror across 对称平面改为YZ（如图3-7-9所示）。即为左右对称镜像复制。也可以先装配一半到后面再镜像骨骼。

需要注意的是，在使用这个命令的时候，不要选择到脊椎的骨骼，否则将再多出一脊椎骨骼重叠在一起。角色全身的骨架已经架设完成。为了后续工作，还需对骨骼按照其部位进行命名。如图3-7-10所示。

骨骼规范的命名在制作中尤其重要，应方便观察以及查找和修改。命名应该按照其方位区分开来。例如：左边的脚踝则命名为L_ankle，右边的脚踝为R_ankle。为了标示物体的类型，还应该加后缀名。例如，L_ankle_Joint。如果名字较长，可以采用缩写的写法。L_ankleJNT。标准的命名利于提高工作效率。尤其在需要进行大量角色绑定的制作中，可以想象，一个镜头里有几个、十几个，甚至更多。如果没有对各种物体和角色命名，那结果是很难想象的。养成对创建各种物体命名的良好习惯，后续工作将更加顺畅。

全身骨架架设完成，还应该检查其骨点是否正确。再次强调准确的骨点是骨骼变形的基础。尽管Maya2008版本（以及后续版本）更新了蒙皮后还可以对骨骼进行调整的功能，但是这种问题应该是在之前就解决的。为了养成有一个好的制作习惯，不要过分依赖Maya的部分功能。使用 File/Save Scene As …［另存为］另存为一个文件。可以避免工作中出现死机、断电等不可避免的情况，在制作的过程中都应该注意多保存文件。

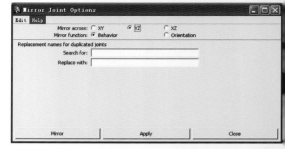

图3-7-9

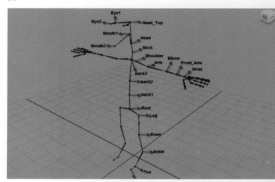

图3-7-10

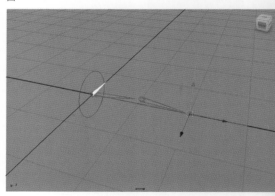

图3-7-11

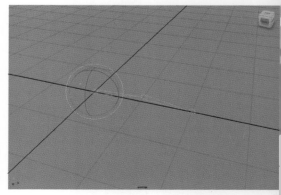

图3-7-12

二、角色全身装配

1.腿部装配

全身骨架架设完成后，需要进行装配工作，也就是控制骨骼。在这之前，先来了解Maya的两种控制方式。IK［反向动力学］，如图3-7-11所示和FK［正向动力学］如图3-7-12所示。

可以这样理解，IK即通过一个IK手柄的位移来控制骨骼的运动，而FK则是旋转骨骼的方式实现其运动。就K动画来说，各有其适用的范围。例如在做俯卧撑的时候使用IK则方便。而做体操动作的时候FK更适合。在骨架装配的时候，将同时制作IK和FK，以方便动画师需要时进行切换。

从腿部开始装配，当然这视个人习惯而定。使用Skeleton/IK Handle Tool［控制手柄工具］命令，鼠标左键单击a b，即可在a b间创建一IK，分别于a b、b c、c d之间创建ikHandle1，ikHandle2，ikHandle3（如图3-7-13所示）。为了实现脚的各种运动，将对这3个ikHandle 进行整理。制作之前，先来考虑脚部的各种运动。认真观察现实中的各种运动，有助于制作各种各样的绑定。

选择ikHandle1，选择快捷键Ctrl+G 将其打一个组group1，同时按DV键，将group1中心点吸附到c，接着选择ikHandle3，打一个组group2，将其中心点移动到c。group2加选ikHandle2再打一个组group3，将其中心点移动到b。group1和group3再打一个组group4，中心点移动到d。这里需要注意的是各个组的中心点以及打组关系，可从Outliner 里观察各组之间的关系（如图3-7-14所示）。打完组之后，旋转各个组，观察骨骼的运动。

这是比较容易混乱的一步，需要认真观察Outliner里各组的层级关系。尤其需要注意各个组的中心点位置，这也是重要的一步。打组在绑定是比较常用的一种处理方式。可以通过控制父组实现子物体运动，并且子物体自身的相对的坐标信息不会发生变化。这就意味着还可以进一步的控制。这也就是打组的优势。打组还将有利于整理，分类各种物体。

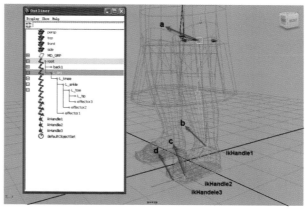

图3-7-13

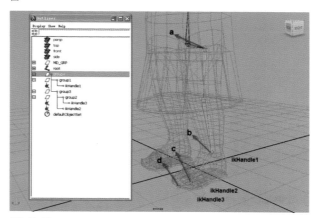

图3-7-14

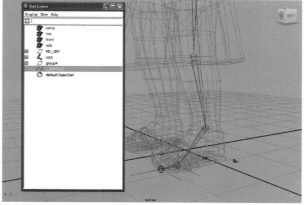

图3-7-15

组也整理好了，还需要创建一控制器，曲线是常用的控制器，控制器必须保证在默认的情况时其通道栏的参数为0，这是严格规范的，其命名将取决于其所属于部位和功能类型决定。这么严格的要求是为方便

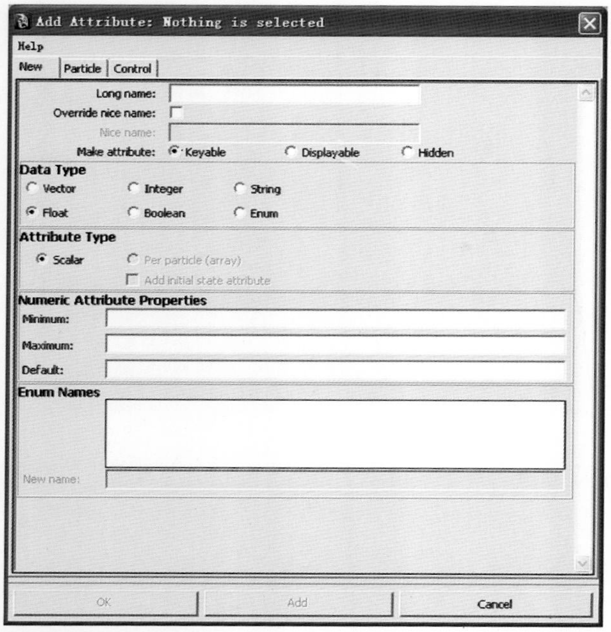

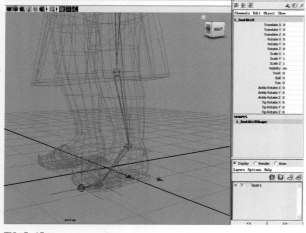

图3-7-16

图3-7-17

整个制作流程的顺利进行。

　　选择Create/NURBS Primitives/Circle,创建一个线圈，将其移动至角色的脚后跟（如图3-7-15所示），使用Modify/Freeze Transformations [冻结变换] 命令清空数值，接着使用Edit/Delete by Type/History [删除其构件历史]。

　　可以这么说，在做所有控制器的时候，都遵守以上这些基本原则，默认原始参数为0，特殊值除外，

　　无多余历史。将这个控制器命名为L_footIKctl。控制器一般的命名原则是方位_部分名称_控制类型_序列号。规范统一的命名将方便工作和管理。为了方便动画师K动画，把多个属性集中于控制器上，选择L_footIKctl，选择Modify/Add Attribute [添加属性]。如图3-7-16所示。

　　在long name中输入需要添加属性的名字。分别输入：Twist，Ball，Toe，Ankle RotateX，Ankle RotateY，Ankle RotateZ，Tip RotateX， Tip RotateY，Tip RotateZ。如图3-7-17所示。

　　逐一看下这些属性。Twist 扭转，将实现膝盖左右旋转运动，Ball 实现的是顶脚动作，Ankle RotateX、Y、Z实现的是脚踝的三个方向的旋转，Tip RotateX、Y、Z实现的则是腿部以脚尖为中心的旋转运动。

　　将属性和组联系起来。使用属性控制组的运动，从而控制脚的运动。使用属性连接器，打开Window/General Editors ConnectionEditor [连接编辑器]。

　　选择控制器L_footIKctl，单击Reload left [导入左边]，选择 ikhand1单击Reload Right [导入右边]，默认情况下，左边的属性将控制右边的属性。

　　在左边，往下拉动滑块，找到添加的属性。在右边为ikhand1，找到 twist 属性。使用 L_footIkctl 上的Twist 控制 ikhand1 的Twist 。首先鼠标左键单击左边 Twist，再单击右边的Twist，连接完成，显示为蓝色。如图3-7-18所示。

　　继续把所有的连接完成。选择group1 Reload Right [导入右边]，找到rotate属性，单击前面的 +进入里面。单击ball 再单击 rotateX，这样，ball 属性就控制了group1的rotateX。如图3-7-19所示。

　　选择group2,单击Reload Right [导入右边]，找到rotate属性，展开rotate，单击toe,再单击rotateX。如图3-7-20所示。

　　选择group3，单击Reload Right [导入右边]，同样的展开rotate,依次ankle_RotateX连接rotateX，ankle_RotateY连接 rotateY，ankle_RotateZ连接rotateZ。如图3-7-21所示。

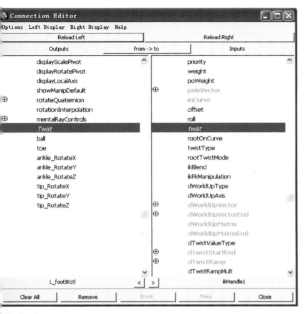

图3-7-18

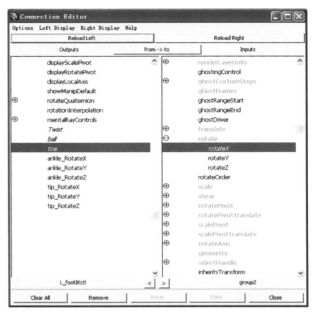

图3-7-20

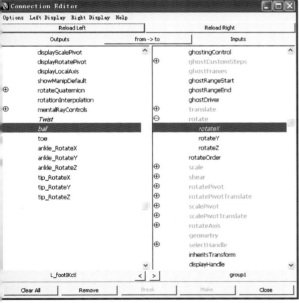

图3-7-19

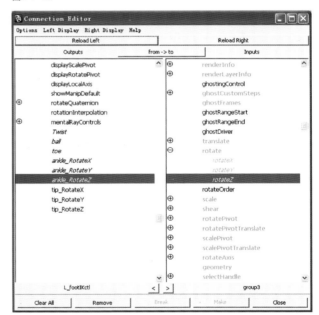

图3-7-21

选择group4,单击Reload Right[导入右边],展开rotate,依次tip_RotateX连接rotateX,tip_RotateY连接rotateY,tip_RotateZ连接rotateZ。如图3-7-22所示。

脚的属性连接完成。改变添加属性数值,检查是否已正确连接。选择group4,Ctl+G打一组group5,命名为L_footIK_grp。选择L_footIKctl再选择这个组使用Constrain/Parent[父子约束],移动旋转L_footIKctl观察脚的运动情况。如图3-7-23所示。

进一步完善脚部的控制。选择Create/

图3-7-22

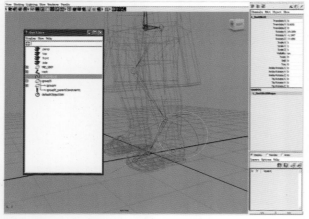

图3-7-23

有两种，一种为使用3套骨架，一套为蒙皮骨架，一套为IK，一套为FK。另一种为单套骨架。学习单套的做法。选择腿部的关节，旋转，已没有任何效果。在ikhandle属性里，IkBlend［IK弯曲］决定此IK是否生效，1为生效，0为失效，IkBlend相当于一个开关。选择Create/NURBS Primitives/Circle分别创建4个线圈，分别按V键吸附到腿部各个关节处。如图3-7-25所示。

注意正确建立FK控制器的层级关系（如图3-7-25所示），认真观察Outliner。单击Constrain/Orient 后的小方块，进入设置面板，勾选Maintain offset［保持偏移］，如图3-7-26所示。选择FK的控制器对其相应的关节使用方向约束。

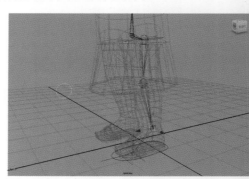

图3-7-24

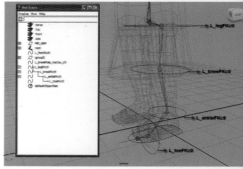

图3-7-25

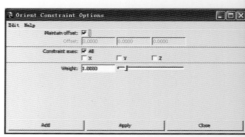

图3-7-26

NURBS Primitives/Circle,创建一个线圈，命名为L_kneePole_Vector_ctl ，移动到膝盖前端［如图3-7-24所示］。选择L_kneePole_Vector_ctl再选择ikhandle1使用Constrain/Pole Vector［极向量约束］，L_kneePole_Vector_ctl X方向上的变化影响ikhandle1的旋转平面，即骨骼的旋转。

左脚的IK控制方式完成。接下来，学习FK的做法。前面提到FK即旋转的控制方式。原理为创建控制器，置放于相应的关节，对关节进行方向约束。IK/FK的做法

勾选Maintain offset［保持偏移］，能保证使用方向约束后，关节骨骼保持原来的方向。

接下来处理IK/FK切换的问题。使用Create/NURBS Primitives/Circle创建一线圈放置于左腿脚踝处，命名为L_footIKFK_Switch，使用Modify/Add Attribute［添加属性］，在此控制器上添加IKFK_Switch。如图3-7-27所示。

Minmum［最小值］输入0，Maximum［最大值］输入1，Default［默认值］输入1。

打开Window/General Editors/Connection Editor［连接编辑器］，选择L_footIKFK_Switch，Reload left［导入左边］，分别选择ikHandle1，ikHandle2，ikHandle3，Reload Right［导入右边］，使用IKFK_Switch连接其ikblend属性。如图3-7-28所示。

选择L_footIKFK_Switch，把IKFK_Switch属性调整为0，选择腿部FK控制器，旋转检查装配是否正确。如图3-7-29所示。

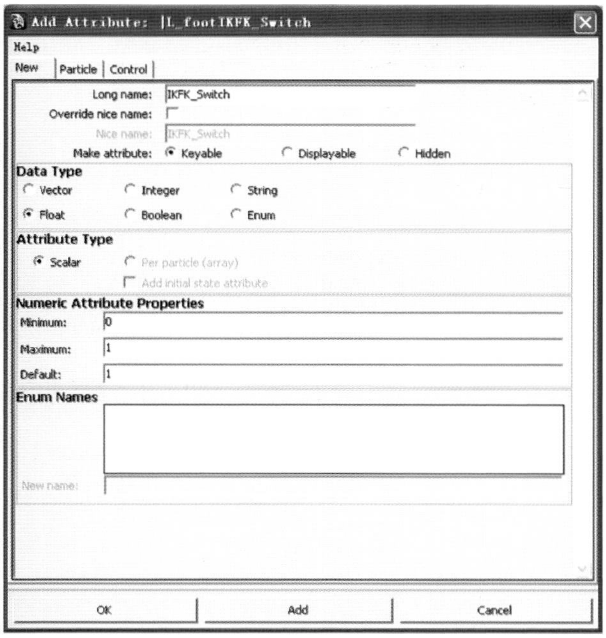

继续装配腿部。在FK状态时，IK控制组应该是隐藏的，反之，在IK情况下，FK的控制器是隐藏的。在Maya里，设置驱动关键帧能很好地实现这个效果。选择Animate/Set Driven Key/Set…［设置驱动关键帧］，将使用L_footIKFK_Switch的IKFK_Switch来驱动左脚IK和FK控制器的显示。

选择L_footIKFK_Switch，单击Load Driver［导入驱动物体］，再同时选择L_legFKctl，L_footIKctl，L_kneePole_Vector_ctl，单击Load Driven［导入被驱动物体］。如图3-7-30所示。

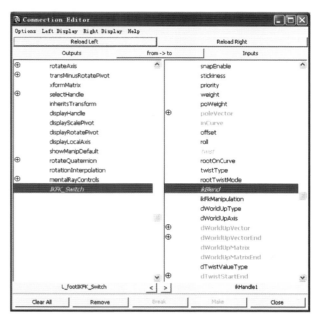

图3-7-28

![Add Attribute dialog]

图3-7-27

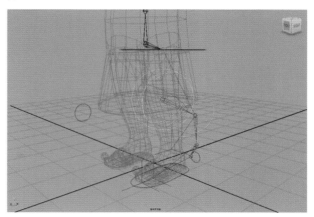

图3-7-29

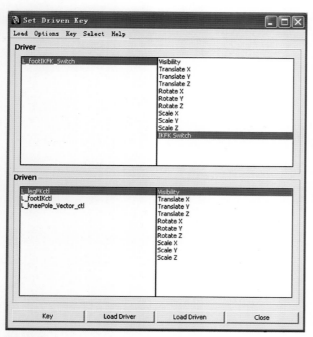

图3-7-30

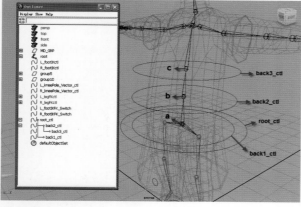

图3-7-31

使用L_footIKFK_Switch的IKFK_Switch连接了ikHandle1,ikHandle2,ikHandle3的ikhandle,IKFK_Switch为1时,即IK状态,0时候,为FK。使用设置驱动关键帧,IKFK_Switch为1时,FK控制器隐藏,IK控制器显示。IKFK_Switch为0时,FK控制器显示,IK控制器隐藏。

单击IKFK_Swicth,确定其值为1,单击L_legFKctl,选择visibility[显示],将其值改为0,即隐藏。按住CTL,同时选择L_legFKctl,L_footIKctl,

L_kneePole_Vector_ctl,再次选择visibility[显示],单击Key。此时K一帧。信息反馈栏显示://Result:1,则驱动成功。

再次单击IKFK_Swicth,将其值改为0,单击L_legFKctl,选择visibility[显示],将其值改为1,即为显示分别选择L_footIKctl,L_kneePole_Vector_ctl,选择visibility[显示],将其值改为0,再次同时选择L_legFKctl,L_footIKctl,L_kneePole_Vector_ctl,再次选择visibility[显示],单击Key。此时K一帧。信息反馈栏显示://Result:1,则驱动成功。

选择L_footIKFK_Switch,切换IKFK_Switch的值,检查设置驱动关键帧是否有误。IKFK_Switch为1时,为IK控制,FK控制器隐藏。IKFK_Switch为0时,为FK控制,IK控制器隐藏。后面手部的IKFK的装配与脚的做法雷同。使用设置驱动关键帧,可以使用一个属性同时驱动多个属性,很大程度减轻了工作量。应用的范围也非常广泛。用同样方式装配右脚。

2.脊椎装配

首先来观察脊椎的运动,对于正常角色(人物),可以简单概括为旋转。需要极限夸张动作的时候,有拉伸或者压缩。脊椎的做法可以说也是多种多样的,但其根本都是控制骨骼的位移、旋转还有缩放。一起来学习简单且有效的装配方法。

选择Create/NURBS Primitives/Circle,创建四个线圈。分别按V键吸附至脊椎关节处(如图3-7-31所示)。注意root_ctl和back1_ctl为同时吸附至a关节处。打开Outliner认真观察他们的层级关系。

选择back1_ctl,再选择a处关节,打开Constrain/Parent[父子约束]后小方块,进入设置面板,勾选Maintain offset[保持偏移],单击Apply[应用]。同样的back2_ctl对b处关节使用父子约束。back3_ctl对c处关节使用父子约束。

脊椎装配完成。可以说,这是一种非常有效快速的装配方法。

3.手部装配

手部装配和脚部装配有很多相同的地方。

首先装配肩膀的控制器，使用Create/NURBS Primitives/Circle，创建一线圈，命名为L_shoulder_ctl，吸附至锁骨。继续创建一线圈，命名为L_handIkctl，吸附至手腕的关节。如图3-7-32所示。

使用Skeleton/Ik Handle Toll [IK控制柄工具]，从肩膀关节到前臂关节打一个IK。命名为L_hand_ikhandle，方便后续操作。实际上这个IK最后定位点应该在手腕关节处。在Maya里，为了实现前臂权重的过渡，在肘部和手腕关节中间多加了一节关节。

选择前臂关节，打开Outliner，按F键展开。可看到有个effector7 [本例中默认命名] 的IK效器。选择effector7，D+V键一起按住，同时按住鼠标左键将effector7中心点吸附至手腕关节。这样，L_hand_ikhandle的中心点也就移动到了手腕关节处。直接选择L_hand_ikhandle无法改变其中心点。需要选择其效应器改变其中心点。

接下来，对L_hand_ikhandle进行控制。

选择L_handIKctl控制器，在视图中按住Shift加选L_hand_ikhandle，使用Constrain/Point [点约束]，使用之前，可打开其设置面板，勾选Maintain offset [保持偏移] 属性。为了控制肘部的旋转，还需要在L_handIKctl控制器上添加一Twist属性。打开Window/General Editor/Connection Editor [连接编辑器]，选择L_handIKctl控制器，单击Reload Left [导入左边]，选择L_hand_ikhandle，单击 Reload Right [导入右边]。使用L_handIKctl的Twist连接L_hand_ikhandle的Twistv1。

使用Create/NURBS Primitives/Circle，继续创建一线圈。命名为L_elbowPole_Vector_ctl，将其移动至左手肘部正后方。选择L_elbowPole_Vector_ctl加选L_hand_ikhandle使用Constrain/Pole Vector [极向量约束]。

手腕的旋转运动也将由L_handIKctl控制。打开Constrain/Orient [方向约束] 设置面板，确定Maintain offset [保持偏移] 勾上，使用L_handIKctl对手腕关节进行方向约束。

选择L_shoulder_ctl，对锁骨关节使用Constrain/Parent [父子约束]。

手部同样的也需要同时装配FK。方法与脚部的装配相同。创建三个线圈，分别命名L_armFkctl，L_elbowFKctl，L_handFKctl。依次吸附到肩膀关节、肘部关节、手腕关节。如图3-7-33所示。

使用L_armFkctl对肩膀关节使用方向约束Constrain/Orient [方向约束]，L_elbowFKctl对肘部关节使用方向约束，L_handFKctl对手腕关节使用方向约束。

如同脚步IKFK切换的装配方法一样。创建一线圈，命名为L_handIKFK_Switch，使用Modify/Add Attribute [添加属性]，在此控制器上添加

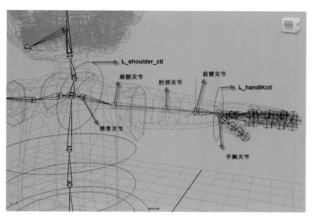

图3-7-32

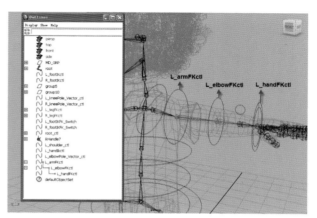

图3-7-33

IKFK_Switch 。Minmum [最小值] 输入0,Maximum [最大值] 输入1,Default [默认值] 输入1。

打 开 Window/General Editors/ Connection Editor [连接编辑器]，选择 L_handIKFK_Switch, Reload left [导入左边]， 选择L_hand_ikhandle , Reload right [导入右 边]，使用L_handIKFK_Switch的IKFK_Switch 连接L_hand_ikhandle的ikblend 打开Animate/ Set Driven Key/Set… [设置驱动关键帧]，选择 L_handIKFK_Switch, 单击Load Driver [导入驱 动物体]，同时选择L_armFKctl, L_handIKctl, L_elbowPole_Vector_ctl

单 击Load Driven [导入被驱动物体]，设 置IKFK_Switch为1时，L_armFKctl的Visibility [显示] 改为0，即为隐藏状态。L_handIKctl, L_elbowPole_Vector_ctl的Visibility [显示] 改为1， 即显示状态。

在 设 置 驱 动 关 键 帧 窗 口 里，单 击 L_handIKFK_Switch的IKFK_Switch, 在同时选择L_armFKctl, L_handIKct, L_elbowPole_Vector_ctl, 单击Visibility [显示]，再 单击Key进行K一帧。

IKFK_Switch改为0，L_armFKctl的Visibility [显示] 改为1，即为显示状态。L_handIKctl, L_elbowPole_Vector_ctl的Visibility [显示] 改为0， 即隐藏状态。此时同样单击Key进行K一帧。手部 IFKF切换设置完成。改变IKFK_Switch数值，检查装 配是否正确。

由于角色绑定相对其他版块更考验我们的逻辑思 维，完成每一步骤的时候，最好都进行检查，随着逐 步的深入，如果不及时检查，错误留到后续再进行修 改将非常麻烦。养成良好的操作习惯，也是提高工作 效率的一种方法。

此 时，我 们 来 选 择L_handIKct或 者 L_handFKctl, 旋转，发现手腕关节的旋转并不是完 全受影响。原因是手腕关节之前同时被L_handIKct和 L_handFKctl方向约束了，如图3-7-34所示。要实现

手腕关节正确的受影响，还需要对手腕关节所受的两 个方向约束做切换。同样使用设置驱动关键帧技术。

打开Animate/Set Driven Key/Set… [设置驱 动关键帧]，选择L_handIKFK_Switch, 单击Load Driver [导入驱动物体]。选择手腕关节，在Outliner 里按F键进行展开，再次展开手腕关节，可以找到 L_wrist_orientConstraint1, 如图3-7-35所示选择， 单击Load Driver [被驱动物体]。

当IKFK_Switch的值为1时，L_handIKctl wod 的值为1，L_handFKctl wod 值为0。此时Key一 帧。当IKFK_Switch, L_handIKctl wod的值为0, L_handFKctl wod值为1。此时再Key一帧。完成后， 旋转L_handIKctl或者L_handFKctl, 可看到手腕关节完 全受其一关节影响。接下来学习手指的装配。

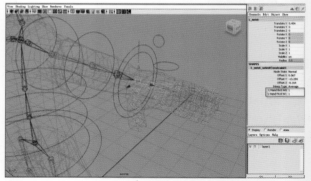

图3-7-34

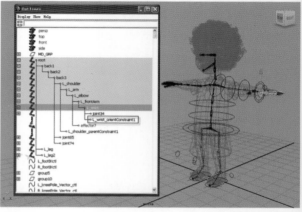

图3-7-35

需要注意是手指骨骼关节的方向问题。控制器的方向需要和骨骼关节的一致。先来创建大拇指的控制器，创建一线圈，命名为L_thumbFctl，将其P给大拇指的根部关节，将通道栏的转换和旋转参数都改为0，这样控制器就移动到了大拇指根部关节处。调整适合的大小，冻结变换，并删除其构建历史。再将此控制器打一个组，然后按住Shift+p将这个组从骨骼中解除出来，即取消其父子关系。选择所有解除出来的组，再打一个组将其命名为L_finger_grp，选择手腕关节对这个组进行父子约束和缩放约束。

选择L_thumbFctl查看其方向是否已经和大拇指根部关节统一。如果没有，请认真阅读以上的操作过程。

其他手指使用同样的方法来创建其控制器，如图3-7-36所示。为了控制手指的弯曲，在每个手指的控制器上来添加两个简单的属性，A和B。

打开 Window/General Editors/Connection Editor [连接编辑器]，将L_thumbFctl导入左边，选择大拇指上的第二个关节（图3-7-36大拇指骨骼上的A处关节），导入右边。使用L_thumbFctl上的A属性连接关节的rotateY属性。同样地，使用L_thumbFctl的B属性连接大拇指第三个关节的rotateY属性。

注意：本例中为连接关节Y方向，如果在最开始调整大拇指方向时候为其他方向倾斜着向上，即连接其方向。

食指、中指、无名指、小指使用同样的设置方法。本例中连接的是AB关节的Z方向。

继续整理手部的装配。选择L_shoulder_ctl，将其P给back3_ctl控制器。将手部控制切换至FK状态。选择L_armFKctl，将其P给L_shoulder_ctl。注意建立正确的父子关系。左手装配完成。右手请使用相同装配方法进行装配。

4.头部装配

选择Create/NURBS Primitives/Circle,创建一个线圈，命名为Neck_ctl，按住V键将其吸附到neck关节处。继续创建一线圈，命名为Head_ctl，将其吸附

到头部head关节处。并且将其P给Neck_ctl。

选择Neck_ctl，对neck关节使用Constrain/Parent [父子约束]。Head_ctl对head关节也使用父子约束。

继续来创建眼睛的控制器。创建两线圈，分别命名为L_eye_ctl，R_eye_ctl，先分别吸附到左右两边的眼睛骨骼关节处（参考前本节的图3-7-10即Eye1关节），再将这两个控制器移动到眼睛前方合适的位置，继续创建一线圈，命名为eye_ctl，将其移动到前面两个控制器相同的位置，可以调整成合适的形状。将L_eye_ctl，R_eye_ctl同时P 给eye_ctl，而eye_ctl则P给head_ctl。如图3-7-37所示。

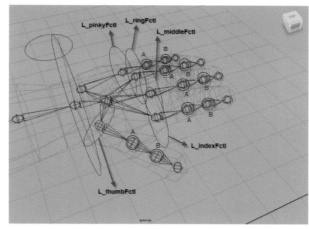

图3-7-36

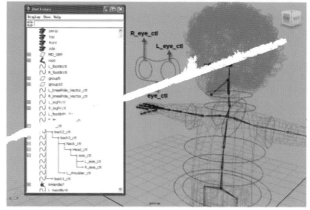

图3-7-37

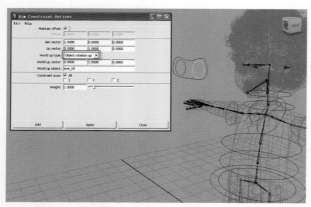

图3-7-38

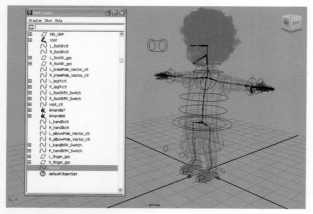

图3-7-39

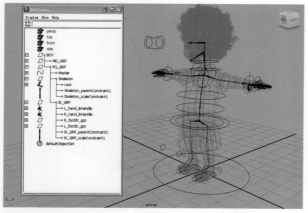

图3-7-40

首先来看一下眼睛的运动方式，一般情况下，眼睛会同时盯着一个物体看，这种效果在Maya里可以通过目标约束实现。被约束物体会始终指向约束物体。选择L_eye_ctl，加选左边眼睛的关节，单击

Constrain/Aim［目标约束］后小方块，进入设置面板。勾选Maintain offset［保持偏移］，world up type［世界向上类型］改为Obiect rotation up［物体旋转向上］，在World up object［世界向上物体］输入：eye_ctl。（如图3-7-38所示）这是设置一个参考物体。

同样地，选择R_eye_ctl对右边眼睛的骨骼关节使用方向约束。

5.完善整理装配

创建一线圈，命名Master,它将控制角色整体的移动，旋转，还有缩放。全身装配基本完成，如图3-7-39所示。但这并不是最终的文件。需要进行整理和优化绑定。包括控制器的整理，Outliner的整理等。

继续来完善装配工作。同时选择L_legFKctl，R_legFKctl按P键，将他们P给back1_ctl控制器。

分别创建了四个IKFK的开关：L_footIKFK_Switch，R_footIKFK_Switch，L_handIKFK_Switch，R_handIKFK_Switch。为了使这些开关能很好地跟随手脚的运动，使用其对应的骨骼关节对其使用父子约束。例如左脚踝关节对L_footIKFK_Switch使用Constrain/Parent［父子约束］。

整理Outliner，整理的原则为按照物体类型进行打组。在Outliner里，选择所有的控制器，包括L_finger_grp，R_finger_grp全部P给Master。选择back1打一个组命名为Skeleton，再选择L_footIK_grp，R_footIK_grp，L_hand_ikhandle，R_hand_ikhandle 打一个组命名为IK_GRP。再同时选择Mster，Skeleton，IK_GRP再进行打一个组命名为RG_GRP［绑定组］，最后选择模型组和绑定组打一个组，命名为BOY，这个为总组，命名为这个角色的名字。之所以要整理到一个组，就是为了避免一个场景里同时出现多个角色时混乱的现象。为了控制模型的全局缩放，选择Master对Skeleton组使用同时使用Constrain/Parent［父子约束］和Constrain/Scale［缩放约束］，对IK_GRP同时使用Constrain/Parent［父

子约束］和Constrain/Scale［缩放约束］。最终如图3-7-40所示。

选择Master移动，旋转，缩放，检查装配是否有问题。若出现错误的全局缩放，比如骨骼没有完全跟着等比例缩放。请检查Master是否已经给Skeleton以及IK_GRP正确的约束。

接下来的工作就是简化所有的控制器。因为在真正的K动画过程中，控制器上的部分属性是不需要显示的，这些属性就需要隐藏并且锁定起来。例如脚的控制器L_footIKctl上的缩放和显示属性是K动画不需要的。在通道栏里单击鼠标左键拖选到这4个属性，放开左键，单击右键弹出菜单，选择Lock and Hide Selected［锁定并隐藏所选择］。而对于FK的控制器，只需要保留旋转即可，而膝盖的FK控制器只需要保留一个方向的属性。因为膝盖和肘部只能一个方向旋转。所保留的属性都是K动画必需的，其他不需要的全部锁定并且隐藏。根据这一原则，需要对所有控制器进行简化，方便做动画。

6.创建角色组

角色组即把所有控制器上K动画所需要的属性集中到一起，方便整体K动画。可以输出动画，相同的角色组之间还可以动画互导。

打开Character/Create Character Set［创建角色组］后的小方块，进入设置面板。在Name里输入角色名字boy_character，其他默认即可（如图3-7-41所示）。单击Apply［应用］。

查看Outliner里的变化，将多出一个角色组。但角色组里是空的，还需要往里面添加属性。选择控制器，在通道栏里拖选K动画需要的属性，使用Character/Add to Character Set［添加到角色组］，所有控制器上K动画的所有属性都需要添加到角色组（如图3-7-42所示）。注意切换到FK，把FK控制器的属性也添加进来。

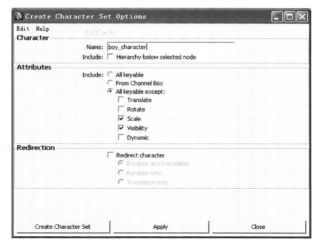

图3-7-41

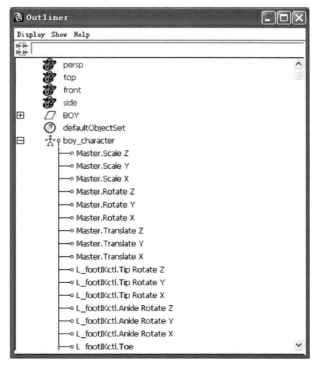

图3-7-42

第八节 ///// 绑定皮肤

要使模型运动起来，还需要把骨骼关节和皮肤（模型）关联起来。选择根部关节（back1）再选择模型，打开 Skin/Bind Skin/Smooth Bind [平滑蒙皮]后小方块，进入设置面板，看主要的参数设置。对于一般角色，Max influences [最大影响] 改为3（如图3-8-1所示）就足够。这个参数决定了模型上的点最多能受骨骼关节的影响数。默认情况下为5，也就是一个点最多受5个骨骼关节的影响，这对后续的权重分配来说无疑是个挑战。权重为模型的点所受到骨骼关节影响的大小。

单击Apply [应用]。骨骼关节就与皮肤关联起来了。可以调模型POSS查看其状态。

选择所有模型和骨架根部的关节（root），使用Skin/Bind Skin/Smooth Bind，将我们的模型进行绑定皮肤。如图3-8-2所示。

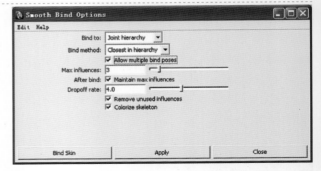

图3-8-1

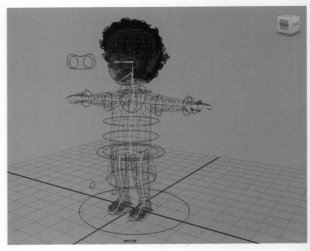

图3-8-2

第九节 ///// 分配权重

调整模型POSS，可看到模型的变形并不理想，如3-9-1所示。需要重新分配权重。

选择模型，打开Skin/Edit Smooth Skin/Paint Skin Weight Tool [绘制蒙皮权重工具]后的小方块，进入权重笔刷工具面板。如图3-9-2所示。

皮肤变形的根本原理是骨骼关节影响皮肤上的点的移动。在皮肤上单击笔刷，即是把Value [值] 上的权重值赋予模型上。Add [增加] 的模式下，即是增加当前选择骨骼对笔刷范围内的点的影响。在使用权重笔刷时，应该尽量使用Add [增加] 。

鼠标变成权重笔刷，蒙皮关节可在红色区域（如图3-9-2所示）选择，查看其影响的范围（如图3-9-3所示）。可看到模型分为黑白灰显示，亮的地方均受关节root的影响，越亮，影响越大，完全黑的地方则不受影响。在绘制权重过程中，一定要先清楚骨骼关节所影响的范围和程度。例如手部的关节不会影响到腿部的皮肤。

在绘制权重过程中，模型应尽量摆出各种极限POSS，极限POSS变形合理，才能确保正常POSS也合理，权重分配是个考验耐心的过程。需要反复地进行绘制分配。

调整角色POSS，选择皮肤 [模型] ，使用Skin/

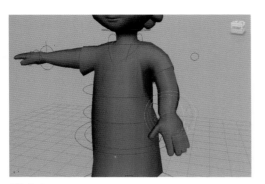

Edit Smooth Skin/Paint Skin Weight Tool［绘制蒙皮权重工具］，将鼠标移动至需要分配权重的骨骼关节的上方，单击鼠标右键，弹出菜单，按住鼠标右键不要放开，选择Paint Weights［绘制权重］，如图3-9-4所示，就可以绘制其骨骼关节的权重影响了。

按住键盘的B键，同时按住鼠标左键，左右滑动，可改变权重笔刷的影响范围。如果需要查看皮肤上的点受哪些骨骼关节影响及其影响的大小，首先选择模型的点，打开Window/General Editors/Component Editor［部件编辑器］，点击Smooth Skins，在这个窗口中，可查看选择的点所受骨骼关节的影响，如图3-9-5所示。可以在空白方格栏直接输入参数来调整点的权重，以便精确的控制。

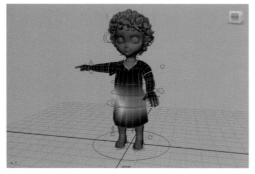

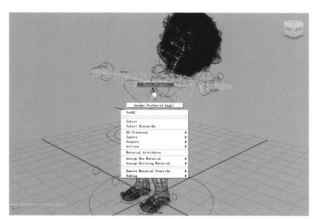

图3-9-1

Tool Settings
Paint Skin Weights Tool
Brush
Radius(U): 1.0000
Radius(L): 0.0010
Opacity: 1.0000
Profile:
Browse
Rotate to stroke
Influence
Sort transforms: Alphabetically By Hierarchy
Transform:
root
back1
back2
back3
L_shoulder
L_arm
L_elbow
L_frontArm
L_wrist
L_hand
Hint:
Use the RMB over a joint in the modeling view to select it for painting.
蒙皮关节
Toggle Hold Weights on Selected
Paint Weights
Paint operation: Replace Add Scale Smooth
Value: 1.0000
Min/Max value: 0.0000 1.0000
Clamp: Lower Upper
Clamp values: 0.0000 1.0000
Flood
Stroke
Stylus Pressure
Display
Reset Tool
Tool Help
Close

图3-9-2

图3-9-3

Paint Weights

图3-9-4

Component Editor
Options Layout Help
Springs | Particles | Weighted Deformer | Rigid Skins | BlendShape Deformers | Smooth Skins | Polygons | AdvPolygons
_arm L_elbow L_shoulder back1 back2 root L_leg
Hold off off off off off off off
polySurfaceSh
vtx[6] .000 0.000 0.000 0.446 0.444 0.110 0.000
vtx[9] .000 0.000 0.000 0.430 0.000 0.509 0.061
vtx[10] .000 0.000 0.000 0.403 0.000 0.453 0.144
vtx[213] .000 0.000 0.000 0.355 0.000 0.403 0.242
vtx[220] .000 0.000 0.000 0.438 0.436 0.125 0.000
vtx[222] .000 0.000 0.000 0.396 0.000 0.457 0.147
vtx[235] .000 0.000 0.000 0.122 0.000 0.439 0.439
vtx[236] .000 0.000 0.000 0.271 0.000 0.364 0.364
vtx[239] .000 0.000 0.000 0.225 0.000 0.387 0.387
vtx[246] .427 0.160 0.412 0.000 0.000 0.000 0.000
vtx[250] .000 0.000 0.000 0.415 0.413 0.171 0.000
vtx[671] .000 0.000 0.000 0.428 0.000 0.485 0.087
vtx[677] .000 0.000 0.000 0.438 0.436 0.125 0.000
vtx[678] .000 0.000 0.000 0.444 0.000 0.513 0.043
vtx[693] .000 0.000 0.000 0.407 0.000 0.547 0.046
vtx[694] .000 0.000 0.000 0.211 0.000 0.759 0.030
vtx[696] .000 0.000 0.000 0.350 0.000 0.602 0.048
0.0000 0.00 1.00
Load Components
Close

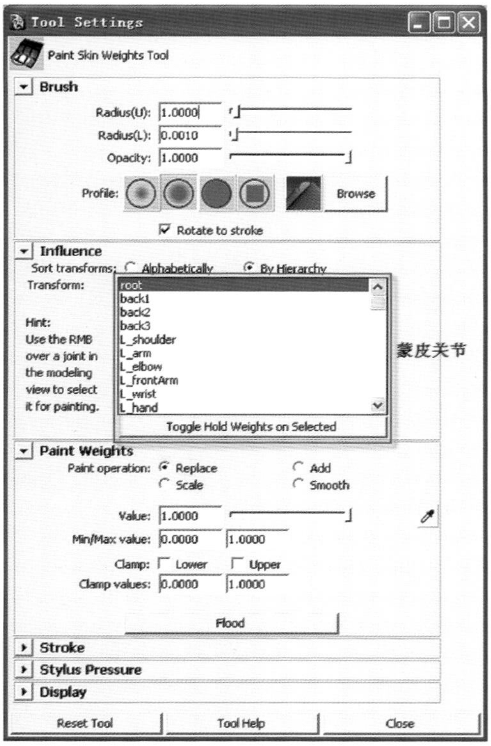

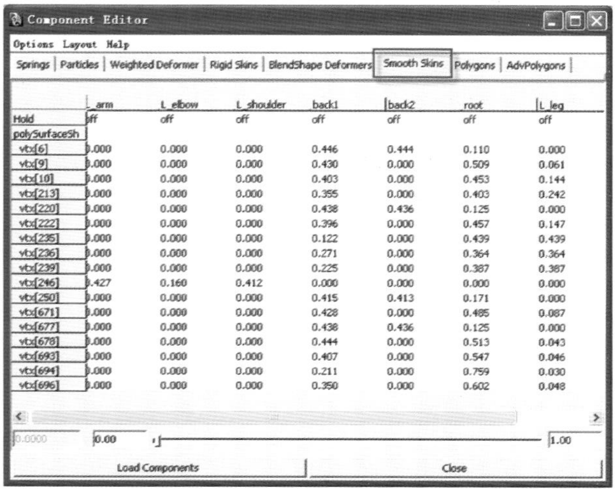

图3-9-5

需要注意的是，默认情况下，点的权重范围在0~1之间，0为不受影响，1为完全影响。可以在其参数里直接输入1，回车确定即可。这种调整比较精确。

无论如何分配权重，必须保证模型的变形是准确合理的。这和模型的布线以及骨骼关节的位置都是有关系的。尤其需要清楚什么骨骼关节影响哪些范围，影响的强度又为多少。例如最简单的，手部的骨骼关节不会影响到腿部的皮肤，这种问题无需担心，默认情况下，Maya可按照骨骼关节的层级关系以及皮肤和骨骼关节的距离进行自动识别和分配。Maya默认的权重分配基本都是不理想的，需要进行重新分配。

在了解骨骼关节运动引起的变形情况和理解权重分配的原理下，将更利于进行权重的分配，而部分分配可以依赖Maya一些技术技巧来实现。

进行手部的权重分配。

旋转L_handIkctl来看一下前臂的权重情况。手腕的变形效果并不理想。如图3-9-6所示。

在最初架设骨架的时候，就已经在前臂中间设置了一节骨骼关节，就是为了实现前臂权重过渡，选择前臂中间的骨骼关节，旋转，观察前臂变形效果。如图3-9-7所示。

通过旋转前臂中间的骨骼关节，可以进行有效的变形补偿。使其权重过度更加合理。选择L_handIKFK_Switch添加一属性来控制前臂中间的骨骼关节X轴的旋转，将其命名为L frontArm_Twist，再通过Window/General Editors/Connection Editor[连接编辑器]将其连接前臂关节L_frontArm的RotateX属性。

在对角色进行动画制作时，就可以根据需要自行调整L_frontArm_Twist，进行变形的补偿。尽管可以使用一些技术和技巧使皮肤变形更加合理和准确，但是手动的分配依然是必须的。需要反复的进行练习。

皮肤的变形会直接影响最终渲染的效果，必须合理地分配好权重，使皮肤变形效果可以让人们接受。

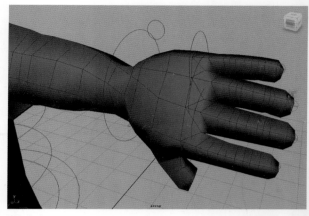

图3-9-6

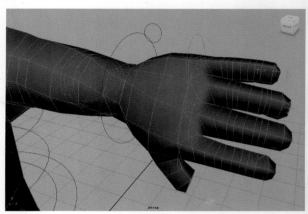

图3-9-7

课后小结:

权重需要我们理解其原理的基础上，进行反复的练习，才能掌握其技巧。难点为合理的权重分配，保证变形的真实合理。

[复习参考题]

◎ 表情制作，为两足角色进行骨骼架设，进行装配，绑定皮肤，完成完整的角色绑定。